LES

FORÊTS DU JAPON

PAR

CH. DE KIRWAN

Extrait de la *Revue des questions scientifiques*, avril-juillet 1891.

BRUXELLES
IMPRIMERIE POLLEUNIS ET CEUTERICK
37, RUE DES URSULINES, 37

1891

LES FORÊTS DU JAPON

LES
FORÊTS DU JAPON

PAR

Ch. de KIRWAN

Extrait de la *Revue des questions scientifiques*, avril-juillet 1891.

BRUXELLES
IMPRIMERIE POLLEUNIS ET CEUTERICK
37, RUE DES URSULINES, 37

1891

LES FORÊTS DU JAPON

Nous allons, si vous le voulez bien, faire une petite excursion forestière dans l'empire du Japon.

Cet empire se compose d'une longue série d'îles, grandes et petites, qui s'étend en ligne presque droite (sauf les sinuosités de détail) du nord-est au sud-ouest, à l'est du littoral de la Chine et de la Corée, sur 27 degrés de latitude. Le plus septentrional est le 51ᵉ parallèle qui, dans nos parages occidentaux, passe aux environs de Dresde, d'Anvers et de Dunkerque; le dernier, au sud, est le 24ᵉ, presque le tropique (23°28'), qui traverse l'île de Formose, la Birmanie, le sud de l'Égypte, le nord du Sahara, et passe à environ quatre degrés au sud des Canaries.

On comprend que de grandes variétés de climats doivent se rencontrer dans un pays qui offre une si grande extension du nord au sud. Toutefois, si l'on néglige les petites îles du nord et du midi, qui offrent relativement peu d'intérêt au point de vue forestier, les îles principales, Yéso, Hondo (Nippon), Shikokou et Kiou-shiou, nous réduisent à 12° seulement. Comme la chaîne des Kouriles, qui court de l'île de Yéso à la pointe du Kamtschatka, et celle des îles Riou-kiou, qui fait le trait d'union entre Kiou-shiou et Formose, ne sont pas comprises dans les descriptions de l'excursionniste qui nous servira de guide principal (1), nous n'aurons à circuler que du 43e au 31e parallèles. C'est, du reste, la partie la plus riche en forêts de tout l'empire japonais ; or, dans un pays où, par suite de la fréquence des tremblements de terre, toutes les constructions se font en bois, les maisons particulières comme la plupart même des monuments publics, les établissements scientifiques ou industriels comme les pagodes et les temples, il n'est pas étonnant que les arbres, les forêts, le bois sous toutes ses formes, aient une importance considérable.

Il ne faudrait pas croire qu'au Japon un espace compris entre les 31e et 43e parallèles, qui passent respectivement, chez nous, par le sud de la Tunisie et le nord de l'Espagne, implique un climat comparable à ceux de ces derniers pays. Les grandes îles du Japon sont des îles essentiellement montagneuses, où les altitudes corrigent très sensiblement les effets climatériques de la latitude. Ainsi, la température moyenne de Tokio ou Yédo (13°7) est de 6°4 inférieure à celle de Tunis (20°1), bien que ces deux villes soient situées à des latitudes voisines (35°41′ et 36°48′) ; et Nagasaki assis, par 32°44′, à six degrés au sud de la latitude de Lisbonne (38°42′), possède cependant la même température annuelle de 16°.

D'autres éléments encore que l'altitude et la latitude influent sur le climat japonais. La conformation allongée et étroite de ces îles au milieu des mers leur procure une forte dose d'humidité, une grande abondance de pluies, des étés moins chauds que ceux de l'intérieur des terres en Chine, par exemple, et des hivers plus doux, réchauffés

(1) M. L Ussèle, garde général des forêts, chargé d'une mission forestière au Japon par le ministre de l'agriculture, et auteur d'un volume intitulé : *A travers le Japon,* tiré sur papier du Japon, à 500 exemplaires seulement. — Paris, J. Rothschild, 1891.

qu'ils sont encore par un courant marin analogue à notre Gulf-stream, le *Kouroshivo* ou « fleuve noir ». Ce courant se forme non loin des côtes de Chine, vers le nord des îles Philippines, et se dirige au nord-est, en englobant ou longeant les îles méridionales du Japon.

La quantité annuelle des pluies, constatée à l'udomètre, s'élève au chiffre vraiment énorme de 1430^{mm} par an, alors qu'en France la moyenne est, une année dans l'autre, de 660^{mm} seulement. En outre, à l'inverse de nous qui recevons plus d'eau en hiver qu'en été, il tombe, au Japon, deux fois autant de pluie en été qu'en hiver. Et ce résultat n'est pas général dans les régions de l'Extrême-Orient; car cette favorable répartition des eaux atmosphériques ne se retrouve pas dans les pays voisins, plus ou moins dégarnis de forêts et de haute végétation. Mais les montagnes japonaises, avec leurs faîtes et leurs hauts versants couronnés de vastes massifs boisés, constituent un puissant condensateur et répartiteur de l'humidité; et la grande abondance des pluies, coïncidant avec le réveil et la pleine activité de la végétation, donne à celle-ci une vigueur et une rapidité de développement peu communes.

Ce n'est point que, là comme partout, les exploitations vicieuses et l'abus du pâturage n'aient produit leurs funestes effets sur la végétation forestière ; mais ces résultats fâcheux ne se constatent guère que dans le proche voisinage des grandes villes et des districts très populeux. Partout ailleurs, la montagne se revêt de masses forestières d'immense étendue, s'élevant jusqu'à près de 3000 mètres d'altitude, et présentant, des basses régions jusqu'aux cimes, une variété d'essences des plus remarquables : arbres et plantes subtropicales au voisinage du niveau maritime et jusqu'à 500^{m} de hauteur supramarine à Kiou-shiou et à Shikokou; essences subarctiques en haut, à 1500 mètres et au-dessus; végétation des zones tempérées aux altitudes intermédiaires. Par exemple, le hêtre, le châtaignier, le marronnier d'Inde sont fréquents dans cette région moyenne; les sapins *(Abietes,* Link.) et les mélèzes *(Larices,* Link.), dans la zone supérieure; les chênes verts et les pins des climats tempérés abondent dans le haut des altitudes inférieures, au bas desquelles la vue des lauriers varie l'aspect des palmiers et des bambous.

La constitution géologique du sol se rapporte aux formations primaires, ponctuées un peu partout d'îlots volcaniques provenant de cratères éteints ou actifs. Les granits, les schistes siluriens et dévoniens, diverses roches cristallines, forment la base du sol où l'élément calcaire se rencontre rarement.

Sur une superficie totale que l'on peut évaluer, d'après les documents officiels, mais sans certitude d'ailleurs, à 379 782 kilomètres carrés pour tout l'empire du Japon, le sol forestier en comprendrait près de 127 000 (12 691 758 hectares), soit le tiers, dont un peu plus de moitié à l'État et le surplus aux particuliers. Seulement les forêts privées sont toutes situées au voisinage des villes, des centres populeux, facilement exploitables, et en pleine production, tandis que les forêts domaniales, au contraire, occupent, sur de vastes étendues, les régions éloignées et le voisinage des temples; par suite elles sont encore à l'état presque vierge. Il y aura à y créer d'abord une viabilité indispensable à l'écoulement des produits, et à procéder ensuite à l'aménagement de ces immenses massifs forestiers. Ce seront sans doute des frais considérables. Le levé topographique de ces grandes masses boisées s'imposera tout d'abord, puis le nivellement pour le tracé des routes et des chemins, puis les levés partiels, puis enfin les parcellaires pour l'assiette régulière des coupes. Mais tous ces frais et ceux de l'organisation du service des aménagements seront facilement couverts, paraît-il, par l'exploitation des bois précieux qui commencent à manquer dans les forêts privées, et qu'on trouverait encore en quelque abondance dans les grandes masses à peine explorées jusqu'ici.

Ce sont principalement le *Hinoki,* de la famille des cyprès, le *Keaki* ou Planera (Gmelin), genre voisin de l'orme, dont nous parlons plus bas, le *Sawara* et le *Hiba,* espèces de thuyas, le *Nedzou* ou *Nedzouko* (genevrier (?) à feuilles raides) et le *Koya-Maki* ou Skiadopitys à feuilles verticillées. Les arbres de ces essences étaient autrefois l'objet d'une protection législative spéciale, et réservés exclusivement à la construction des temples et des palais. L'auteur du vol d'un de ces arbres pouvait être puni de mort ; et pour ceux d'autres essences, on ne pouvait les exploiter licitement qu'à la condition de planter un jeune arbre au lieu et place de celui qui avait été abattu.

I

LES CONIFÈRES OU ARBRES RÉSINEUX.

§ 1er. *Les Cupressinés.*

Ceci nous amène à examiner les arbres japonais. Étudions-les, du moins les plus répandus, comme essences forestières ; nous verrons ensuite comment celles-ci se répartissent dans les différentes contrées du Japon, puis comment elles se groupent en massifs forestiers.

Comme dans tous les climats non tropicaux, les arbres forestiers se classent principalement en deux grandes catégories : les *feuillus* (angiospermes), dont les feuilles ont le limbe plus ou moins élargi, et les *résineux* (conifères gymnospermes), dont les feuilles affectent la forme aciculaire ou squameuse.

Ces derniers sont l'objet, sans que l'on puisse trop s'expliquer pourquoi, d'une préférence marquée de la part des Japonais : charpentes, revêtements extérieurs, toitures, revêtements intérieurs des maisons, menus objets de toute sorte, tuyaux de conduite d'eaux, sont de préférence en bois résineux. Énumérons-les. Et comme à tout seigneur toute préséance est due, parlons d'abord du fameux HINOKI, « le plus apprécié de tous les bois du Japon ».

Ce serait, en langage occidental vulgaire, une sorte de thuya ou plutôt de cyprès, et en langage botanique, un *Chamæcyparis* selon les uns (Spach), selon les autres un *Rétinospore* (Sieb. et Zucc.), par corruption de *Rétinispore*, orthographe que nous avions proposée (1) en raison de l'étymologie (ῥητίνη, résine ; εἰς, en ; σπορά, semence). De quelque nom, toutefois, que l'on nomme le genre auquel appartient le Hinoki dans le classement scientifique, son espèce est l'espèce *obtusa;* pourquoi *obtusa ?* Ses feuilles, d'ailleurs squamiformes et imbriquées, comme en presque tous les Cupressinés, sont plutôt aiguës : est-ce pour cela qu'on l'appelle obtus? En tout cas, son bois est durable, élastique et léger; blanc, fin et compact, il acquiert, lorsqu'il est travaillé, le brillant de la soie. L'arbre est élancé et droit, lorsqu'il a crû en massif, et atteint de 20 à 30 mètres de haut avec 3 à 6 mètres de circonférence. *Hinoki,* paraît-il, signifie, en japonais, *arbre du soleil,* et il est dédié à cet astre, parce qu'il est « la gloire des forêts comme les héros sont la gloire des hommes(2) ». Le culte shintoïste, qui est, après le Bouddhisme, le plus répandu au Japon, proscrit de ses temples toute dorure, toute ornementation métallique. On les construit en Hinoki, et l'intérieur est lambrissé en lames de ce bois délicatement travaillées ; on obtient ainsi « un aspect de luxueuse simplicité qui impressionne tout autant que les richesses entassées dans les sanctuaires bouddhiques (3). »

(1) Cf. nos *Conifères*, t. II, p. 111. Paris, J. Rothschild, 1868.

(2) Sieboldt et Zuccarini, cités par E.-A. Carrière, *Traité général des Conifères*, p. 130. — 1867.

(3) Ussèle, *A travers le Japon*, p. 38.

Assez rustique quant à la qualité du sol, bien que, pour acquérir de belles dimensions, il exige un sol frais et substantiel, il est délicat, au moins dans sa jeunesse, sous le rapport du climat, et craint également la grosse chaleur et les grands froids.

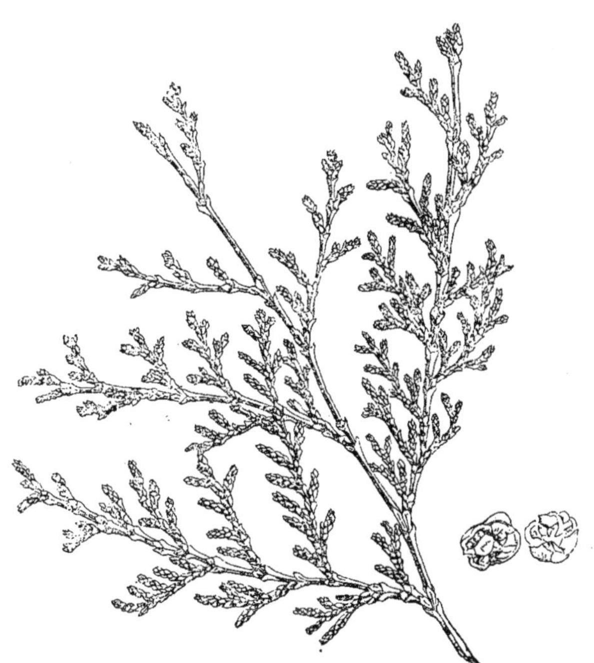

Hinoki, *Chamæcyparis obtusa* (Sieb. et Zucc.).
A droite, fruit (cône) vu de dessus et de dessous.

Le Sawara est un proche parent du Hinoki. C'est aussi un Chamæcyparis ou Rétinispore, non plus *obtusa*, mais *pisifera*. Ainsi l'ont baptisé, avec Endlicher, Sieboldt et Zuccarini, en raison sans doute de la forme globulaire et des dimensions de son strobile comparable à un pois. C'est un très bel arbre, tout aussi décoratif que son voisin, de même tempérament; il s'en distingue par la disposition horizontale de ses branches, sa verdure un peu plus blanchâtre, et son écorce grise se détachant en lanières. Célle du Hinoki est brun foncé et sillonnée longitudinalement par de larges crevasses. Tous deux ont un fût cylindrique qui se maintient à une grande hauteur. Cependant le bois du Sawara, bien que servant aux mêmes usages, a moins de durée, partant moins de valeur.

C'est vers 1862 que ces deux arbres japonais ont été introduits en Europe par MM. Fortune et Veitch (1). Ils y sont cultivés, comme essences exotiques, dans les jardins botaniques, dans les parcs des amateurs d'arbres décoratifs, et notamment dans ces jardins à collections de sujets forestiers de tous pays, chers aux Anglais sous la dénomination, intraduisible en français, d'*Arboretum*.

Il en est de même, au surplus, de la plupart des conifères dont il nous reste à parler. Tel, entre autres, le Hiba ou Assoussi, introduit pour la première fois en Europe (à Leyde) en 1853, et que Sieboldt et Zuccarini, ses importateurs, ont classé botaniquement sous la dénomination de *Thuyopsis dolabrata*. On sait que les thuyopsis sont, comme leur nom l'indique, très voisins des thuyas; jadis même on confondait sous la dénomination générale de *Thuyas*, non seulement les thuyas proprement dits et les thuyopsis, mais encore les genres Biota, Widdringtonia, Callitris, Glyptostrobus (2). Aujourd'hui l'on réunit, en une section particulière des Cupressinés et sous le nom de *Thuyopsidés*, les genres Biota, Thuya et Thuyopsis (3); nos *Hinokis* de tout à l'heure sont colloqués dans la section des *Cupressinés vrais*.

Revenons au Hiba ou Assoussi (Thuyopsis en doloire

(1) Cf. E.-A. Carrière, *loc. cit.*, aux Chamæcyparis.

(2) Cf. Bosc et Baudrillart, *Dictionn. de la culture des arbres*, 1821. — Voir aussi nos *Conifères*, t. II.

(3) Cf. Carrière, *loc. cit.*

pour les occidentaux). Comme port, aspect général et feuillage, il ressemble fort au Sawara ; il s'en distingue à

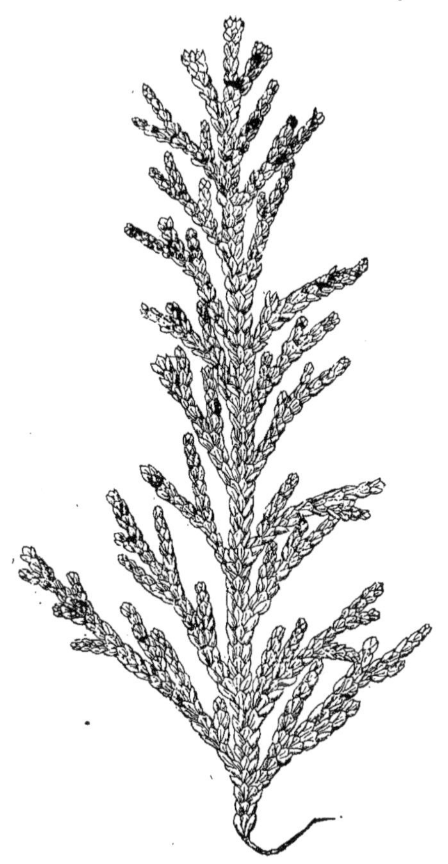

Hiba, *Thuyopsis dolabrata* (Sieb. et Zucc.).

son écorce qui ressemble à celle des pins et ne se détache point du tronc. Ses feuilles sont squamiformes et imbriquées comme celles des Chamæcyparis et de tous les thuyopsidés; mais elles sont relativement larges et, cylindriques à la base, épaisses d'un côté, amincies et comme tranchantes de l'autre ; elles rappellent ainsi la forme de la *doloire*, cet outil avec lequel les tonneliers aplanissent les douves des tonneaux. Leur verdure est vive à la partie supérieure, blanchâtre en dessous. Les cônes, à écailles imbriquées, ne sont guère que de la grosseur d'un pois. Les branches se dressent presque verticalement, en laissant souvent retomber leur extrémité, ce qui donne au facies de l'arbre un aspect de grande élégance. Quant au bois, ses qualités de premier ordre sont à peu près les mêmes que celles du *Chamæcyparis obtusa* (Hinoki), avec lequel on le confond souvent.

Ne quittons pas la tribu des Cupressinés sans nous occuper du *Cryptomeria* (Don), le Segni des Japonais, introduit en Europe vers 1842, en France et en Angleterre en 1846, par Fortune, et depuis lors fort répandu dans les jardins botaniques ou paysagers, dans les parcs et les *Arboreta*. Son aspect très ornemental, sa rusticité, la facilité relative avec laquelle il s'accommode de nos climats occidentaux, justifient cette expansion. Il est bien plus répandu encore au Japon, où il aurait été importé de Chine, il y a quelque chose comme vingt-six siècles ou davantage : ce qu'il y a de certain, c'est qu'il existe aussi en divers points du vaste empire chinois, notamment dans l'île de Tshou-San (1). La grande rapidité de sa croissance, jointe à sa grande longévité et à ses qualités décoratives, expliquent la vogue dont le Segni jouit dans les cultures japonaises. Sa station naturelle est entre 200 et 400 mètres d'altitude, dans l'île de Kiou-shiou ; mais on le rencontre dans tout le Japon, principalement aux abords des temples, tantôt en massifs, dit M. Ussèle, « tantôt en longues allées, dont le plus bel exemple se trouve sur la route de

(1) Carrière, *loc. cit.*

Nikko. » Ajoutons qu'il a, sur une longueur de 30 à 40 mètres de tige, un fût très droit, recouvert d'une écorce gercée et spongieuse, une cime pyramidale formée

Segni, *Cryptomeria japonica* (Don).
A droite, un chaton femelle porté à l'extrémité d'un ramule.

de branches largement étalées dont les plus basses s'inclinent vers le sol sous leur propre poids ; le feuillage est d'un vert glauque vif et clair qui prend, en hiver, une teinte brune ou jaunâtre. Les cônes sont petits, à écailles ligneuses doublées de bractées, et de forme globulaire avant la déhiscence (1). Parfois, sur les branches latérales accidentellement brisées, des rameaux se dressent verticalement et finissent par former de véritables tiges parallèles à la tige principale, ce qui donne à l'arbre l'aspect d'un énorme candélabre. Sa circonférence peut atteindre 9 à 10 mètres. Il parvient à toute sa hauteur vers l'âge de cent trente ans, mais ne cesse pour ainsi dire point de s'accroître en diamètre (2); c'est ce qui explique d'aussi énormes circonférences. On cite même, dans une forêt de la province de Nagano, à l'ouest de Tokio (île Nippon ou Hondo), la forêt de Tsoukiji, des Cryptomérias de 12 mètres de pourtour, âgés, dit-on, de mille ans, et néanmoins en pleine vigueur. M. Ussèle remarque à ce sujet qu'il n'y a guère que les Eucalyptus de l'Océanie et les Séquoïa de la Californie qui puissent offrir de pareilles dimensions. Un savant bavarois, le Dr Meyer, de Munich, aujourd'hui professeur au Noving Gakko, en conclut que ces derniers pourraient bien, avec le Segni japonais, appartenir à une même espèce, modifiée par la différence des milieux et des climats.

Une telle conclusion est peut-être un peu hasardée, car une parité de dimensions ne suffit pas à établir un caractère botanique. Cependant on ne peut méconnaître, nonobstant les subdivisions un peu quintescenciées qu'a réparties entre eux M. Carrière, que le Cryptoméria et le Séquoïa ne soient bien voisins. Il est vrai que le *Traité général des Conifères* fait de celui-là le dernier genre de la tribu des *Cupressinés* (dans la section des Taxodinés, où le Cryptoméria du Japon se rencontre avec le Cyprès chauve ou *Taxodium distichum* de l'Amérique du Nord), et de celui-ci, qu'il divise en deux, le second genre et le troisième

(1) Voir nos *Conifères*, t. II.
(2) Voir Ussèle, *loc. cit.*

de la tribu des *Séquoïés*, démembrement de celle des Cupressinés. Or de l'espèce dont M. Carrière fait le genre Séquoïa, le *S. sempervirens,* d'autres botanistes, comme Lambert, Hooker, Loudon, font un Taxodium, que la qualification spécifique de *sempervirens* distinguerait du *distichum*, auquel, la persistance des feuilles mise à part, il ressemble beaucoup. Du *Sequoia gigantea,* John Lindley a fait un genre à part, qu'il a nommé *Wellingtonia* (Les Yankees, eux, disent *Washingtonia :* chacun pour soi !)... En somme, il y beaucoup d'incertitude et de confusion dans la détermination d'espèces si voisines et, après tout, encore insuffisamment connues. Si le *Sequoia sempervirens* peut être aussi bien un Taxodium qu'un Séquoïa, on ne voit pas trop pourquoi le Segni ou Cryptoméria du Japon, que M. Carrière place avec le *Then-tsong* (Glyptostrobus) des Chinois, tout à côté du Cyprès chauve (*Taxodium distichum,* Richard, section des Taxodinés), ne se rapprocherait pas assez des uns et des autres pour que les uns et les autres ne tirassent leur origine d'une espèce commune, diversifiée par les conditions différentes de leurs habitats respectifs. Toutefois, que l'on veuille bien ne pas se hâter de m'attribuer, pour cela, des tendances transformistes : d'abord il ne s'agit ici que d'une simple conjecture ; ensuite, quand il serait prouvé que quelques espèces, botaniquement très voisines et géographiquement très lointaines, ont une commune origine, aurait-on le droit de conclure de ce fait particulier à une loi générale ? Nullement. La seule conclusion légitime serait qu'il y a lieu, *dans certains cas*, de réduire le nombre des espèces, mais non pas que *toutes* les espèces dérivent les unes des autres (1).

(1) Cette dérivation universelle, dans chacun des deux règnes, des espèces les unes des autres, est sans doute scientifiquement possible : elle n'est aucunement démontrée, et ce n'est et ne peut être qu'une simple *hypothèse*. Voilà ce qu'on ne saurait trop redire, à l'encontre des transformistes axiomatiques qui voudraient imposer cette conjecture.

Quoi qu'il en soit, le Segni paraît peu difficile sur la nature minéralogique du sol, et se rencontre indifféremment dans les terrains siliceux, argileux ou calcaires. Lorsqu'il repose sur un sol frais et surtout riche en humus, il croît avec une extrême rapidité, mais ne donne qu'un bois d'une qualité très inférieure, ce qui se reconnaît du reste à l'examen de l'écorce qui est alors profondément gercée et disposée en larges plaques.

Dans des sols moins riches, la végétation est plus lente, les accroissements annuels très minces. C'est du bois provenant de très vieux arbres, pris en pleine forêt, que l'on se sert pour les constructions, après l'avoir soigneusement débarrassé de toute trace d'aubier. Dans ces conditions, le bois peut avoir une durée indéfinie. On cite le temple d'Axan, tout entouré de Segnis sur pied et formé en entier de bois de cette essence ; il a plus de 400 ans d'existence. Le monument le plus ancien du Japon serait un autre temple, celui d'Horiuji, à Nara, dont les quarante-quatre portes sont faites en planches de Segni : d'après les dimensions de ces planches et le nombre de leurs accroissements annuels, on évalue à mille ans l'âge des arbres qui les ont fournies. Or, la construction du temple remonte à 12 siècles et demi, ce qui nous porte à l'an 640 de notre ère ; si les arbres employés à sa construction avaient alors 1000 ans, on voit que, indigène au Japon ou importé de Chine, le Segni existait déjà dans le pays plus de 3 siècles et demi avant l'ère chrétienne.

Il n'est pas d'usage auquel on ne l'emploie. Dans le voisinage des plantations de cette essence, très productives à cause de la rapidité de sa croissance, des villages entiers sont exclusivement construits de son bois. On le traite en arbre d'émonde pour faire du fagotage avec ses branches. Ailleurs on le plante en haies très serrées et taillées très bas. De son écorce on fabrique des cordes. On extrait de son bois une résine blanche très appréciée. La menuiserie commune et la tonnellerie elle-même utilisent le bois de

Segni : dans ces conditions il dure peu, mais la modicité de son prix compense cette infériorité.

Nous nous étendrons moins sur le Koya-Maki que sur le Segni. Cet arbre, le *Skiadopitys verticillé* (Sieb. et Zucc.) des botanistes, est un de ces Cupressinés dont M. Carrière a fait une tribu à part, sous le nom de Séquoïés. Son feuillage, très élégant, est disposé par abondants verticilles, composés chacun de trente à quarante feuilles et formant des ombelles dont le diamètre atteint quelquefois jusqu'à 15 centimètres. Il croît en mélange avec le Hinoki, qu'il tendrait à supplanter si l'on n'y mettait ordre ; car son bois, bien que recherché pour sa résistance et sa beauté, est moins estimé que celui du *Chamæcyparis obtusa*. L'écorce, de couleur gris clair, se détache facilement en lanières que l'on utilise en vannerie, en sparterie et pour la fabrication des cordes.

§ II. — *Taxinés et Abiétinés.*

Par la couleur très foncée de son feuillage, par son port, son aspect général, le Maki se rapproche du Koya-Maki avec lequel il serait, de loin, facile de le confondre. Botaniquement, il en diffère toutefois beaucoup, étant un Podocarpé, *Podocarpus macrophylla,* Don. La tribu des Podocarpés trouve sa place, dans la classification, entre les Abiétinés et les Taxinés, quoique beaucoup moins voisine de ceux-là que de ceux-ci, auxquels on pourrait la rattacher. Et les Abiétinés, qui comprennent les Sapins, les Épicéas, les Pins, les Mélèzes et les Cèdres, viennent après les Cupressinés et les Séquoïés auxquels appartient le Skiadopitys. Koya-Maki et Maki, bien que se ressemblant de nom et d'aspect général, sont donc fort éloignés, relativement, l'un de l'autre. Le dernier est un arbre de 12 à 15 mètres, dont les feuilles, de forme lancéolée, ont, sur une largeur moyenne de 9 à 12 millimètres, une longueur de 4 à 10 centimètres. D'après Thunberg, cité par Carrière, le bois, blanc, léger, d'une longue durée, ne serait jamais attaqué par les insectes. Mais, d'après M. Ussèle, ce bois, d'ailleurs peu répandu, n'est pas très recherché, étant de médiocre qualité. Utilisé cependant en menuiserie et pour la grosse charpente, le Maki ne se rencontre guère que dans les vallées et aux altitudes inférieures. Ses fleurs paraissent en juin, mais la maturité de ses fruits n'aurait lieu qu'en janvier (1).

Un autre Podocarpé japonais est le Nagi, appelé par Endlicher, Lindley, etc., *Podocarpus nageia*, et quelquefois dénommé vulgairement *Cyprès-bambou* et *Laurier du Japon*, bien qu'il n'ait rien du bambou, encore moins du laurier, pas même du cyprès (2). Pourquoi Kœmpfer le nomme-t-il *Laurus julifera* (laurier à chatons) et le décrit-il sous ce nom, alors que le Nagi est bel et bien un Conifère ? C'est sans doute à cause de la forme de ses feuilles obovales, larges de 3 à 4 centimètres, longues de 8, persistantes, d'un vert bleuâtre. Il est du reste assez rare, même au Japon, où il ne se rencontre guère que dans la partie méridionale de l'île de Kiou-shiou et à de faibles altitudes.

Parmi les conifères de la tribu des Abiétinés, ce sont deux pins, le Kouromatsou et l'Akamatsou, qui sont les plus abondants au Japon.

Le Kouromatsou, que M. Ussèle qualifie de *Pinus Thunbergii*, paraît être le même que le *P. Massoniana* de Sieboldt et Zuccarini, et l'Akamatsou, le *P. densiflora* des mêmes botanistes. Ce sont des pins à feuilles géminées, assez voisins de notre pin maritime (*P. pinaster*, Soland., ou *P. maritima*, Lamb., Mathieu, etc.) pour que l'on ait pu prétendre, plus humoristiquement que

(1) Thunberg, botaniste suisse. Cité par Carrière, *loc. cit.*, p. 665.
(2) Cf. nos *Conifères*, t. II, p. 226.

sérieusement il est vrai, qu'ils n'en sont que deux variétés (1).

Comme notre pin maritime, le Kouromatsou a l'écorce d'un gris foncé, presque noir ; comme lui encore il vient droit et porte haut son feuillage à la verdure sombre, quand il croît en massif de futaie, mais se tord et se contourne en tout sens quand il reste isolé. Le nom de Kouromatsou signifierait *pin noir;* c'est le nom que nous donnons, en Europe, au Laricio d'Autriche, mais aucune confusion n'est à craindre de cette similitude de noms. Il se rencontre fréquemment en mélange avec l'Akamatsou ou *pin rouge*, qui s'en distingue non seulement par ses aiguilles plus courtes et moins fermes, mais aussi par la teinte rougeâtre que prend l'écorce, à la manière du pin sylvestre, vers le haut de la tige. A l'état isolé, ses branches supérieures s'abaissent, le tronc se ploie, et l'arbre prend l'aspect en parasol de nos Pins d'Italie (*P. pinea*, Linné).

Comme qualité du bois, le Kouromatsou et l'Akamatsou se valent : cette qualité est des plus médiocres. On en fait néanmoins grand emploi, surtout sur certaines parties du littoral où ces arbres croissent sans mélange d'autres essences. On en construit des maisons, nécessairement de peu de durée avec un pareil bois ; mais comme elles sont ordinairement destinées à être détruites par incendie ou renversées sous l'action des tremblements de terre, pas n'est besoin de recourir, pour les élever, à des matériaux de prix et de durée. On exploite aussi ces deux pins à jeune âge soit pour en obtenir des perches, soit pour en faire du chauffage. On utilise le Kouromatsou pour reboiser les vides dans les forêts, à cause de sa rusticité et de sa croissance rapide. Quant à l'Akamatsou, facilement renversé par les vents, ses racines étant exclusivement traçantes,

(1) John Nelson, sous le pseudonyme de Johannes Senilis, dans *Pinaceæ being a Handbook of the Firs and Pines*. 1886, London, Hatchart.

on ne l'utilise en semis ou plantations que dans des districts forestiers abrités contre les tempêtes et où la neige tombe peu abondamment; car, élevé en massif serré, il ne se développe pas suffisamment en grosseur pour supporter sans se briser le poids d'une grande quantité de neige.

M. Ussèle cite un très vieux Kouromatsou élevé au rang d'arbre sacré, parce que, en l'an 675 de notre ère, il aurait servi à amarrer la barque de l'empereur Teutchi-Tennô sur les bords du lac Biva (par 132° long. E., et 35° lat. N., partie méridionale du Hondo). Cet arbre historique, appelé le Pin de Karasaki, a 30 mètres de hauteur et 11^m10 de circonférence à hauteur d'homme. La cime s'étale en tous sens suivant un pourtour dont le rayon varie de 40 à 45 mètres. Pour supporter des branches qui s'étendent horizontalement sur une telle longueur, et les empêcher de rompre sous leur propre poids, on les a étayées au moyen de 380 perches de force appropriée.

Nous parlerons pour mémoire seulement du Haïmatsou, ou Goyonomatsou, le *Pinus Koraiensis* de Sieboldt et Zuccarini, et de l'Imekomatsou (*P. parvifolia*, des mêmes), qui pourraient bien n'être que de simples variétés (sinon l'espèce même) de notre *Pin cembro* des hautes Alpes auquel ils ressemblent fort, botaniquement, tous deux, ainsi que comme aspect général, comme lenteur de croissance, et comme station (1). L'Haïmatsou et l'Imekomatsou, en effet, ne se rencontrent qu'aux plus hautes altitudes, au voisinage des neiges, où l'on ne va guère les chercher pour les exploiter.

La section des *Abies* et des *Picea* est représentée au Japon par le Momi (*Abies firma*, Sieb. et Zucc.), le Sirabé (*A. Veitchii*, Lindl.), le Takemomi (*A. brachy-*

(1) On les rencontre jusque dans les îles Kouriles et au Kamtschatka. — Carrière, *loc. cit.*, pp. 385 et 386.

phylla ?), le Tohi *(Picea Alcockiana*, Carr.), et enfin le Toga-Matsou *(Tsuga Sieboldtii*, Carr.).

Avant de dire quelques mots de chacune de ces essences, rappelons ce qui différencie les genres Sapin, Épicea et Tsuga.

Les sapins se distinguent particulièrement des épicéas par un double caractère : 1° les cônes érigés sur les rameaux supérieurs et perdant, à maturation, leurs écailles avec leur graines, de telle sorte qu'après la dissémination, il ne reste plus, dressés sur les rameaux, que les axes de ces mêmes cônes ; 2° les feuilles aplaties et disposées d'ordinaire en deux rangs de chaque côté du rameau, à la façon des dents d'un peigne (de là le nom spécifique de *pectinata* donné au type du genre), d'un vert sombre et lustré à la face supérieure, ternes et longitudinalement striées de blanc à la face inférieure (d'où la dénomination de *argentea*, employée indifféremment à la place de la précédente).

Dans le genre épicéa, les cônes sont toujours pendants à l'extrémité des rameaux, jamais dressés : leurs écailles sont persistantes ; elles s'entr'ouvrent à maturité pour la dissémination des graines, et les cônes restent sur l'arbre. Les feuilles sont insérées tout autour du rameau ; leur forme est celle de prismes tétragonaux, et leur couleur est d'un vert mat et relativement clair, tirant plutôt sur le jaune que sur le bleu ou le noir.

Qant au Tsuga, dont beaucoup persistent à faire un *Abies* et dont on pourrait, avec autant de raison, faire un *Picea*, la vérité est qu'il représente un genre intermédiaire entre les deux. Comme le *Picea*, il a les cônes pendants avec écailles persistantes ; comme l'*Abies*, il a les feuilles pectinées, quelquefois éparses, mais aplaties, d'un vert foncé et luisant au-dessus, striées en dessous de lignes blanches ou vert très clair.

Le représentant de ce genreau Japon, le Toga-Matsou, est, d'après Carrière, le *Tsuga Sieboldtii*, mais n'abonde que dans les provinces du nord et aux fortes altitudes ; ailleurs il est rare, ce qui accroît sa valeur, due à la beauté de son bois. Comme aspect, il rappelle celui de son congénère du Canada, l'Hemlock-Spruce *(T. canadensis,* Carr.), aujourd'hui très répandu en Europe dans les parcs et les jardins.

Le Tohi *(Picea Alcockiana,* Carr.) n'est probablement qu'une race de notre *P. excelsa,* dont il a toutes les apparences d'ensemble et celles de beaucoup de détails. Comme il n'habite que les plus hautes régions, on ne fait qu'un usage assez restreint de son bois, qui du reste est fort estimé pour la fabrication des objets destinés au contact de l'eau (seaux, baquets, etc.). Autant en peut-on dire du Sirabé *(Abies Veitchii,* Lindl.) et du Takemomi, un autre *Abies* dénommé par M. Ussèle *brachyphilla,* mais qui nous est inconnu ; ce sont des arbres qu'on ne rencontre qu'aux plus hautes altitudes, jamais au-dessous de 1800 mètres, et dont, conséquemment, il est fait peu d'emploi. Le premier est un très bel arbre, de 40 mètres de haut, dont le feuillage et la cime rappellent les formes plantureuses et richement décoratives du Sapin de Nordmann, bien qu'il en diffère botaniquement par des cônes beaucoup plus petits à bractées incluses, celles des cônes du *Nordmanniana* étant saillantes au dehors (1).

Un Sapin beaucoup plus commun dans les forêts japonaises que les précédents est le Momi *(Abies firma,* Sieb. et Zucc.), bel arbre à tige droite, à écorce lisse d'un gris cendré, et qui, par le port et la cime, est très comparable à notre sapin des Alpes et des Vosges *(A. pectinata,* De Cand.). Mais là s'arrête l'analogie. Le bois du Momi est de qualité très inférieure, ne peut s'utiliser que dans l'intérieur des maisons, à l'abri de toute humidité, et, même dans ces conditions, n'a que peu de durée. Autant

(1) Cf. *Traité gén. Conif.*, p. 309.

dire qu'il n'est bon à rien. Il appartiendra aux forestiers japonais de l'éliminer peu à peu au profit du Hinoki et du Sawara, avec lesquels on le rencontre souvent en mélange.

Terminons l'énumération des conifères forestiers du Japon par la mention du FUGI-MATSOU ou KARA-MATSOU (*Larix japonica*, Carr., *L. leptolepis*, Gordon), un proche

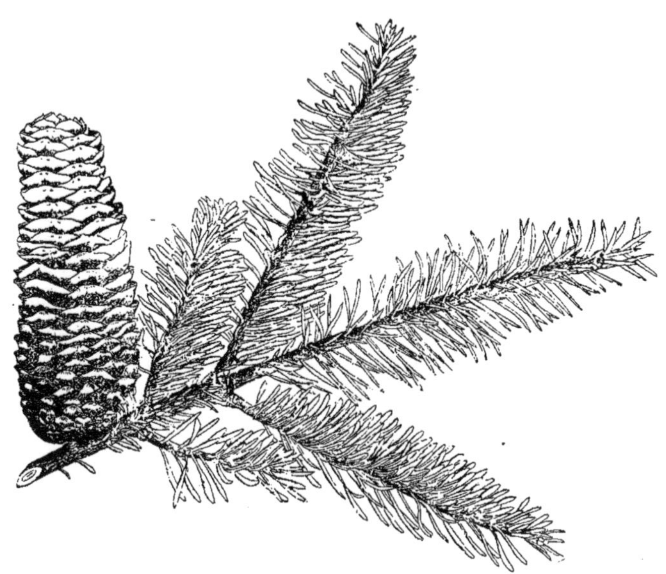

Momi, *Abies firma* (Sieb et Zucc.).

voisin, physiologiquement parlant, de notre Mélèze des Alpes (*L. Europea*, De Cand.). Il lui ressemble par le port, le feuillage, les dimensions, l'aspect général. Il en diffère par des cônes plus petits, moins aigus à l'extrémité supérieure, d'écailles plus minces à bout légèrement replié au dehors (1). Son bois est de qualité supérieure, et

(1) Voir nos *Conifères*, t. I, p. 165.

néanmoins peu employé à cause de l'extrême difficulté de son exploitation sur les hauts et escarpés sommets où il croît naturellement. Mais les particuliers le plantent beaucoup dans leurs jardins et au voisinage de leurs maisons. En sol meuble et perméable, il croît très rapidement, et son bois y conserve certaines qualités précieuses telles que la résistance à l'humidité et une longue durée (1).

II

LES ARBRES FEUILLUS.

Contrairement à l'opinion, fondée sur l'expérience, de tous les autres pays, les Japonais font généralement peu de cas des essences feuillues, au moins comme bois d'œuvre, et, sauf quelques exceptions, n'apprécient que les résineux. C'est une grande erreur : car s'il est des conifères donnant un bois supérieur à certains feuillus, il n'en est pas moins vrai que le bois de certains autres est supérieur à celui de la plupart des résineux. Un tel préjugé est d'autant plus regrettable que les feuillus sont plus nombreux en espèces et en variétés que les conifères eux-mêmes. Mais telle est la force de la routine qu'il n'est pas rare, au Japon, de voir défricher une forêt de chênes, non pas pour la mettre en culture, mais pour la repeupler en résineux !

Une exception importante est faite, cependant, en faveur du Keaki, que nous avons mentionné plus haut, avec le Hinoki, parmi les essences les plus précieuses du pays.

Le Keaki ou Zelkowa-Keaki est un *Planera* — appelons-le *Planera du Japon,* — genre très voisin de nos ormes. Il a, comme eux, des feuilles distiques, au limbe ovale à la base et terminé en pointe, denté sur le pour-

(1) Cf. L. Ussèle, *loc. cit.*

tour, la nervure médiane et les latérales saillantes en dessous. Les qualités de son bois sont, outre une longue durée, une très forte résistance et une grande élasticité; ses vaisseaux sécrètent une huile qui, imprégnant les tissus ligneux, rend ce bois insensible à l'humidité et aux variations hygrométriques. La couleur en est d'un gris tirant sur le brun; comme à l'orme, le grain en est ondulé, ce qui lui donne, pour les emplois de luxe, une rare élégance. Un temple de Kioto compte 140 colonnes cylindriques de $3^{m},60$ de circonférence, et chacune d'une seule bille de Keaki. D'autres piliers, en prismes rectangulaires, ne mesurent pas moins de $0^{m},60$ d'équarrissage.

Les arbres qui fournissaient d'aussi belles pièces se vendaient fort cher; aussi ont-ils rapidement disparu des forêts particulières. C'est dans les forêts de l'État, principalement au sud-est de Nippon et à Shikokou, que l'on trouve encore de beaux massifs de futaie pleine en cette essence. Dans un sol argilo-sableux et riche, le Keaki croît avec rapidité, en fûts très droits et lisses; c'est en ces conditions qu'il fournit les belles pièces de charpente dont on vient de parler. Dans un terrain moins fertile, il croît plus lentement; mais alors son grain est plus serré, mieux maillé et donne au bois un aspect plus décoratif; c'est sous cette forme qu'on le préfère pour la menuiserie et qu'il se paie le plus cher.

C'est encore un voisin des ormes (quoiqu'il n'appartienne déjà plus, comme le Keaki, à la famille des Ulmacés), que le Hénoki, lequel n'est autre que notre Micocoulier de Provence, *Celtis australis*, Lin. Il est, au Japon, le compagnon assez habituel du Planera, bien que moins répandu. Son bois n'est pas sans beaucoup d'analogie avec celui du Keaki, avec des qualités moindres toutefois.

Dans l'empire du Micado, on ne compte pas moins d'une vingtaine d'espèces de chênes, dont sept à feuilles caduques — ce sont les Nara, — et les autres à feuilles persistantes, Sii ou Kachi. Les premiers sont préférés pour le chauffage, et les seconds comme bois d'œuvre pour certains emplois spéciaux. D'ailleurs, deux seulement parmi ceux-là sont prisés par les indigènes : les *Quercus serrata* et *Q. dentata* (Franchet et Savatier), en japonais : Kounougni et Kachiva. Les autres n'ont qu'un intérêt botanique.

Le premier, Kounougni, à feuilles longues et étroites, de forme quasi-lancéolée et sans lobes accusés sur le pourtour, mais assez finement dentés sur les bords, répondrait à peu près, comme qualités et emplois possibles du bois, à nos chênes rouvre et pédonculé d'Europe. Mais on ne lui laisse pas le temps d'acquérir les dimensions requises. On ne l'exploite guère qu'en taillis simple, le plus souvent sans aucune réserve, et à l'âge de 8 à 10 ans seulement dans les forêts privées, de 10 à 15 ans au plus dans les bois de l'État. Il faut ajouter que ce chêne a une rapidité de croissance au moins égale à celle que montre chez nous le châtaignier quand le sol et le climat lui conviennent, comme, par exemple, dans les basaltes et les trachytes de l'Auvergne ou dans les limons quaternaires et les sables et graviers tertiaires des plaines de l'ouest du Dauphiné. Il n'est pas rare, au Japon, de trouver dans des taillis de 10 ans des brins de Kounougni *(Q. serrata)* mesurant 40 à 50 centimètres de circonférence, à 1 m. ou 1 1/2 m. du sol. On comprend que des bois peuplés de cette essence donnent, même exploités si jeunes, d'assez beaux revenus. M. Ussèle cite la forêt domaniale de Tono Mine, province de Toyama, dont les taillis de Kounougni, exploités à 15 ans, donnent un rendement net de 1200 francs à l'hectare ; les produits en sont dirigés vers Ozaka, où ils se vendent, comme bois de chauffage de première qualité, au prix de 5 francs les 100 kilogr., ce qui doit représenter de 20 à 22 francs le stère.

L'autre chêne à feuilles caduques, le Kachiva *(Q. den-*

tata), se distingue facilement de son congénère par ses feuilles au limbe plus profondément découpé sur les bords, plus large, et rappelant davantage celles de nos chênes occidentaux. Moins commun que le précédent, il est plus propre aux climats un peu froids ; et comme il se trouve souvent à des altitudes relativement élevées, en mélange dans les peuplements de résineux, il y croît en futaie avec eux et y parvient à d'assez belles dimensions. Cependant, on le rencontre aussi traité en taillis simple, et l'on fait cas de son écorce, très riche en tanin. Son bois, médiocrement estimé, n'est guère utilisé que comme chauffage.

Voilà tout ce qu'il peut y avoir à dire d'intéressant sur les *Nara* ou chênes à feuilles caduques du Japon. Quoique beaucoup plus nombreux, les chênes verts (à feuilles persistantes) ne comptent guère que trois variétés dignes de quelque attention : l'Akakachi, le Shirakachi, et l'Ichikachi, qui sont respectivement pour les botanistes : *Q. acuta*, Q. *glauca* et *Q. gilva* (Franchet et Savatier).

Le premier se rencontre partout au sud de la latitude de Tokio (36° environ), depuis le niveau de la mer jusqu'à 800 mètres en montagne. L'habitat des deux autres est plus méridional encore : ils se rencontrent ensemble dans les provinces du sud du Hondo et des îles Shikokou et Kiou-shiou, et fournissent l'un et l'autre un bois très estimé. Le dernier est réservé d'office dans toutes les exploitations des forêts de l'État. Le Shirakachi donne rapidement, dans les massifs de futaie, des arbres de très belle venue ; en raison du peu de sensibilité de son bois aux alternatives du sec et de l'humide, on l'emploie principalement à la construction des bateaux et à la fabrication de leurs accessoires. Quant à l'Akakachi ou Obakachi, aux feuilles lancéolées et finement dentées, on ne le rencontre qu'en mélange avec d'autres essences, parmi lesquelles il est aisé de le reconnaître à ses feuilles pleines, sans lobes profonds, très aiguës de la pointe, et sensiblement plus grandes que celles des autres Kachi. Son écorce est lisse, son fût élancé, sa croissance relativement lente. On l'exploite en taillis à courte révolution comme bois de chauffage ; mais dans les futaies on l'arrache au besoin pour le remplacer par des résineux.

La famille botanique à laquelle appartiennent les chênes est celle des Cupulifères ou Quercinés ; chacun le sait. Cette famille comprend encore le genre *Hêtre* et *Châtaignier*, qui sont largement représentés au Japon. Le Châtaignier de ce pays, le Kouri (*Castanea Kaempferi*, Sieb., *C. japonica*, Ussèle), s'y rencontre sous toutes les latitudes. Il est cultivé seulement pour son fruit dans le centre et le sud; bien que sa châtaigne ne soit pas plus grosse qu'une noisette, comme elle est extrêmement abondante,— les pieds de châtaignier, dans ces régions. portant fruit dès l'âge de trois ans ! — elle est toujours d'un placement assuré. On ne s'occupe guère du bois si ce n'est pour enlever les arbres dépérissants, vers l'âge de cent ans, et en faire du feu. Cependant aux hautes altitudes, où sa croissance est plus lente, il peut parvenir, sans dépérir, à un âge plus avancé ; et il est alors recherché comme bois de charpente.

Il nous reste, parmi les Quercinés, à parler du Bouna, dont l'habitat se tient principalement dans toute la partie centrale du Nippon entre les altitudes de 1800 et de 1500 mètres, bien qu'il descende plus bas dans l'intérieur des terres. Le Bouna n'est autre que notre vulgaire Hêtre d'Europe, *Fagus sylvatica*, largement représenté dans sa région tant par le nombre des sujets que par les dimensions prodigieuses auxquelles parviennent quelques-uns d'entre eux ; on en cite, au sein des forêts vierges des plus hauts versants du Kiso, qui auraient jusqu'à 20 mètres de circonférence au pied. Du reste, on utilise rarement son bois, bien qu'il ait les mêmes qualités que chez nous. Mais, sauf de rares exceptions, les Japonais, nous l'avons dit, n'apprécient que les conifères, au moins parmi les essences des climats tempérés ou froids.

Parmi les autres arbres angiospermes qui font partie des richesses forestières du Japon, nous citerons encore :

Les *Camphriers,* Kousou, essences méridionales ne dépassant jamais une altitude de 400 mètres, et tantôt formant des peuplements purs, tantôt associés aux Hinoki, Keaki, Kouromatsou, Segni, etc. Il y en a plusieurs types: *Laurus camphora* ou Kousou proprement dit, *Cinnamum camphora* ou Kousou-Noki, — *C. laurierii* ou Nikkei, — *C. pedunculatum* ou Yabou-Nikkei, etc. C'est principalement pour la production du camphre que ces arbres sont exploités; le commerce indigène en exporte pour un million chaque année. Quand ils ont crû en massif, ils atteignent, à l'âge de 100 ans et au delà, avec une tige droite et élancée, un fort diamètre et une écorce remarquable par sa blancheur *(Laurus camphora).* Ils fournissent alors un bois tout imprégné de résine, très résistant à l'humidité, d'une belle nuance à reflets dorés ; on peut l'utiliser aussi bien en ébénisterie qu'en menuiserie ou en bois de service.

Le Kouwa, qui est tout simplement notre mûrier à vers à soie, *Morus alba,* Lin., qui du reste n'est pas indigène en Europe et nous vint de la Chine. De ce pays il passa aux Indes, des Indes en Perse, puis dans l'Europe méridionale, et fut enfin introduit en France vers la fin du xve siècle. Il paraît qu'au Japon, où il sert également à la nourriture du ver à soie *(Bombyx mori),* il n'est pas indigène non plus ; seulement son introduction y est beaucoup plus ancienne que chez nous, puisqu'elle remonterait à quatre siècles avant l'ère chrétienne. De nos jours le Japon exporte annuellement 500 000 kilogrammes de soie.

On utilise aussi l'écorce des jeunes rejets du mûrier pour la fabrication du papier. Un autre mûrier, *Morus papyrifera,* Lin., qu'on a détaché du genre pour en faire un nouveau, le genre *Broussonetia* (Fortunat), est également employé à la fabrication du papier : c'est le Kozo; il donne un papier inférieur. Qu'il soit à papier ou à soie, le mûrier n'est pas à proprement parler un arbre forestier; on le rencontre surtout dans la moitié méridionale du Hondo et dans les îles de Shikokou et de Kiou-shiou, aux altitudes moyennes ou inférieures, cultivé soit en bordure le long des champs, soit en grandes plantations. On l'étête à un mètre ou deux de hauteur ou même rez terre, de manière à lui faire produire d'abondantes ramilles que l'on coupe chaque année pour être transportées avec leurs feuilles dans les magnaneries. Ou bien, si l'on veut laisser croître les rejets pour la fabrication du papier, on les dresse en les attachant ensemble, au-dessus de chaque souche, par des liens de paille, pour qu'ils ne restent pas l'hiver ensevelis sous la neige au risque d'y pourrir; en ce cas, à voir un champ de mûriers ainsi traité, on dirait d'une vigne, lorsqu'on en a attaché les ceps aux paisseaux.

L'Ourouchi, un Sumac, un congénère par conséquent de l' « Arbre à perruque » de nos jardins, lequel est le Sumac fustet, *Rhus cotinus* de Linné. Le Sumac du Japon est un Sumac à vernis, *Rhus vernicifera,* De Cand., appelé aussi Porte-vernis, et même Bois à chandelles (1), parce qu'on extrait de ses fruits une cire végétale dont on fait des bougies. Mais son principal produit est le fameux vernis du Japon, à l'aide duquel on fabrique les laques si renommées de ce pays. A ce propos, combattons un préjugé fort répandu, en disant que l'arbrisseau qui nous occupe n'a rien de commun avec le bel et grand arbre très improprement surnommé Vernis du Japon, l'Ailante glanduleux (*Ailantus glandulosa,* Desfontaines) : l'Ailante est origi-

(1) A. Alphand, *Arboretum et Fleuriste de la ville de Paris,* 1875, Paris, J. Rotschild.

naire de Chine et n'existe pas au Japon ; il n'est point, que l'on sache d'ailleurs, vernicifère. L'Ourouchi peut exister à l'état de mort-bois dans les forêts ; mais c'est par une culture soignée et assez compliquée qu'on en extrait soit

Ourouchi, *Rhus vernicifera* (De Cand.).
Rameaux avec fleurs femelles et fruits.

le vernis, soit la cire. On le plante dans des terrains de choix, préalablement fumés ; on arrose souvent les plants. Vers l'âge de 7 ans, s'ils proviennent de graines, dès celui de 4 ans, s'ils proviennent de souches ou de boutures de racines, on les soumet à des procédés de gemmage qui ne sont pas sans quelque analogie avec ceux de nos résiniers du sud ouest de la France, extrayant le goudron et autres produits résineux des pins maritimes des landes et des dunes. Pour la production de la cire, on plante les pieds femelles de Sumac suivant un espacement double (3000 à l'hectare au lieu de 6000), et l'on attend le moment de la

Ourouchi, Sumac porte-vernis du Japon.
Rameau feuillé avec fleurs mâles.

récolte plus longtemps, car il faut que les plants portent fruits, et d'ailleurs la croissance des pieds fructifères est plus lente que celle des pieds mâles.

Ajoutons que le *Rhus vernicifera* est une espèce très vénéneuse et par suite peu recherchée hors du Japon (1).

Plusieurs variétés de magnolias, Tsouboki, Sasanqua, Ho, parmi lesquelles, sans doute, le *M. gracilis* de Salisbury et le *M. obovata* de Thunberg ; — dix-sept espèces d'érables ; — un plaqueminier à fruits comestibles, le Kaki, et d'autres arbres de la même famille (Ébénacés), rares, mais de grande valeur ; — le Sakoura, un prunier faux-cerisier ; notre noyer commun, *Juglans regia*, Lin., le Te-ouchi-Kouroumi et sa variété de Sieboldt, Oui-Kouroumi ; des frênes, des aunes, plusieurs variétés de houx et de buis.

Quarante espèces du genre *Citrus* (orangers et citronniers), parmi lesquelles il est intéressant de citer le Mikan, ou oranger à mandarines *(Citrus nobilis)* ; le Daidaï ou oranger bigaradier, le plus estimé pour la fabrication du curaçao (2) ; le Zanatoro ou Zaban, ou oranger pamplemousse *(C. decumana*, Lin.) (3), dont le fruit aurait la grosseur d'une tête d'enfant ; le Bousioukan ou Main-de-Bouddha, que notre auteur assimile au *Citrus medica* ou cédratier. — Toutes ces variétés, qui ne se rencontrent guère que dans les parties basses de l'île de Kiou-shiou, proviendraient de greffes faites tant sur l'oranger commun, *Citrus aurantium*, Lin., Youdzou des Japonais, que sur le Karatachi *(Triphasia trifoliata)*.

III

PALMIERS, BAMBOUS ET FOUGÈRES.

Parmi les végétaux ligneux de plus ou moins grandes dimensions qui croissent dans les îles japonaises, il n'y a pas que des résineux et des angiospermes. Les monocoty-

(1) A. Alphand, *loc. cit.*
(2) Le Maoust et Decaisne, *Trait. gén. de botan.* 1868, Paris, Firmin Didot.
(3) Cf. *Le nouv. jardinier illustré*, 1869, Paris, Donnaud.

lédones y sont aussi représentés par un palmier, le Shiouro *(Chamcrops excelsa*, Mart.), et par sept ou huit espèces de bambous, Take, offrant un grand nombre de variétés.

Le Shiouro, hôte des îles du sud, s'y élève jusqu'à 500 mètres au-dessus du niveau de la mer; il se rencontre à l'état spontané en sous-bois, dans les forêts, ne justifiant guère son surnom spécifique d'*excelsa*, car il ne dépasse pas 3 à 4 mètres de hauteur. On le rencontre plus fréquemment en plantation aux abords des villages, où on le cultive pour l'abondante matière filamenteuse qui entoure la base de ses feuilles, et qui sert à faire des cordes recherchées pour la batellerie, à cause de leur imputrescibilité. On la fait sans doute entrer aussi dans la composition du papier; et à quoi le papier ne sert-il pas au Japon ? On en fait jusqu'à des cordes et encore assez solides ! On en fait des bâches et de l'étoffe à parapluies, après l'avoir imperméabilisé avec de l'huile ; des capotes de voiture et des manteaux pour la pluie, presque aussi résistants qu'en cuir ; des blagues à tabac, des couvertures de livres pour la reliure ; des verres de lampadaires et de lanternes, et quelles lanternes ! il en est qui mesurent jusqu'à deux mètres de hauteur. Enfin les maisons japonaises, en bois et tout à jour, n'ayant à proprement parler ni portes, ni fenêtres, ne sont fermées qu'au moyen de châssis mobiles tendus de papier blanc qui remplace les vitres. Il faut que, dans ce pays-là, on ait bien peu à craindre des voleurs.

Les bambous, Take en japonais, croissent dans les îles méridionales et dans la plus grande partie du Nippon entre 0 et 900 mètres d'altitude. La plus grande espèce, *Bambusa Senanensis*, atteint 20 mètres de hauteur, avec la circonférence relativement faible de 0,50 cent. (1). La

(1) Le bambou *géant*, mais qui est loin d'être le plus grand, l'*Arundinaria macrosperma* de Michaux, appelé aussi *Arundo gigantea*, Walt., *Miegia gigantea*, Perr., *Arundinaria gigantea*, Nutt., originaire de l'Amérique du Nord, dépasse à peine 9 mètres de hauteur. (Cf. *Les Bambous*, par Auguste et Charles Rivière. 1878, Paris, Société d'acclimatation.)

plus petite ne dépasse pas la hauteur des graminées de nos prairies : 0.40 cent. Elle forme sur le sol forestier une couverture épaisse qui étoufferait, si on ne l'arrachait, les semis naturels, espoir de l'avenir. M. Ussèle désigne ce bambou comme le *B. nana;* ne serait-ce pas plutôt le *B. pygmæa*, ou bien le *B. Fortunei?* Dans le très savant et très compétent ouvrage sur les Bambusés d'Auguste et Charles Rivière, le *B. nana* est indiqué comme fournissant une tige de 6 à 8 pieds anglais, soit $1^{m},80$ à $2^{m},45$ (1).

Enfin, entre la plus grande et la plus petite espèce, on rencontrerait toutes les hauteurs intermédiaires. La première serait très répandue à Kiou-shiou, à Shikokou et dans la plus grande partie de Nippon, tantôt comme espèce cultivée pour ses jeunes pousses, comestibles et très appréciées des palais japonais, tantôt à l'état de massifs forestiers qui donnent, par le bois, un revenu considérable.

Une particularité très curieuse des végétaux de cet ordre au Japon, ce serait d'atteindre, dès la première année, leur hauteur et leur diamètre définitifs, bien qu'ils ne soient utilement exploitables pour le bois que lorsque les parois des cylindres creux qui composent la tige se sont suffisamment épaissies, lignifiées et durcies ; ceci se

(1) Voici, telle qu'elle résulte de la *Classification générale des Bambous* établie en tête de l'ouvrage précité, d'après *Monograph of Bambusaceæ* du colonel Munro, la liste des Bambusés originaires du Japon :

Section des Triglossés.

Arundinaria japonica (Sieb. et Zucc.). METAKE. — A Kiou-shiou et à Nippon. — $1^{m},80$ à $3^{m},65$ de hauteur.

Phyllostachys bambusoides (Sieb. et Zucc.). — Japon ; Chine ; Himalaya.

Ph. Kumasaca (Munro). — Japon.

Ph. nigra (Munro). — $1^{m},20$ à $1^{m},50$. — Chine ; île Nippon.

Section des Bambusés vrais.

Bambusa nana (Roxb.). — $1^{m},80$ à $2^{m},45$. — Chine ; Japon.

B. Fortunei (Van Houtte). — Tige naine. — Japon.

B. aurea (Sieb.). — Japon.

B. pygmea (Miquel). — Japon.

reconnaît au degré de sonorité des entre-nœuds comme à la couleur de l'écorce qui, verte dans le jeune âge, passe au gris-mauve à mesure qu'elle vieillit. Ce qui est certain, c'est que la croissance de cette plante est d'une extraordinaire rapidité (1). Aussi les exploite-t-on à des âges très peu avancés, qui varient du reste selon les espèces et les climats. M. Ussèle cite une forêt domaniale de bambous, la forêt de Sofoukoudji, qui est aménagée à une révolution de 3 ans! Ces coupes de 3 ans n'en rapporteraient pas moins, en revenu brut, plus de 600 francs à l'hectare, dont 282 pour le bois, c'est-à-dire pour les tiges de bambous, et 127 francs pour les bourgeons ou jeunes pousses *(Takinoko)*. Il est vrai qu'il y aurait à déduire, pour le revenu net, des frais relativement considérables de fumure annuelle. Puis ces beaux produits ne sont réalisables que dans les sols riches et surtout humides et profonds. — Néanmoins les bambous végètent aussi dans les terrains secs et sont alors précieux pour la fixation des terres sur les versants montagneux à pentes rapides, grâce à leurs racines en rhizomes entrecroisés. Seulement ce n'est plus alors pour leur rendement pécuniaire qu'on les plante.

D'après MM. Auguste et Charles Rivière, plusieurs espèces de bambous pourraient être introduites avec profit en France et dans les pays de climats similaires. Car s'il en est qui sont propres seulement aux contrées chaudes, d'autres ne viennent que dans les zones tempérées ou froides. C'est ainsi que la Chine et le Japon nous en ont envoyé quelques-unes qui peuvent vivre sans trop souffrir sous le climat de Paris, mais qui prospèrent à merveille dans notre région méditerranéenne (2).

Un autre fait digne de remarque quant au mode de croissance des bambous, c'est que les uns entrent en végéta-

(1) Cf. *Les Bambous*, chap. XI : *Expériences sur la croissance des tiges ou chaumes*.
(2) Aug. et Ch. Rivière *loc. cit.*, pp 156, 158.

tion dans le cours de l'été ou au commencement de l'automne, les autres dès le début du printemps. Ces derniers, que MM. Rivière désignent comme étant *à végétation vernale*, supporteraient sans périr, d'après les expériences faites en France, des froids de — 10° à — 14° (1).

Il y aurait donc, de ce chef, d'intéressantes tentatives de naturalisation à faire dans nos climats tempérés d'Occident.

Retournons au Japon.

Les emplois du bambou y sont, pour ainsi dire, illimités. Échafaudages, ornementation intérieure des habitations, leviers ou brancards pour le transport des fardeaux; voilà pour l'emploi du bambou à l'état de tige entière. Meubles meublants, chaises à porteur, tonnelets, vases de diverses formes, ou même sculptés et incrustés de nacre, bois de lance, tuteurs pour les arbres, treillis pour clôtures ou pour carcasses de murs en pisé, tuyaux de pipe, conduites d'eau, manches de parapluies, chevilles, châssis, éventails, etc., etc.; tels sont quelques-uns des emplois du bambou travaillé. Enfin les bambous d'espèces naines et herbacées sont employés comme fourrage pour le bétail.

Bien d'autres végétaux forestiers que ceux dont les énumérations précèdent, existent au Japon, surtout si l'on entend par « végétaux forestiers » toutes les plantes, grandes ou petites, ligneuses ou non, qui croissent sur le sol des forêts. Nous ne pouvons parler en détail de tous; faisons une exception toutefois pour une famille de plantes cryptogamiques qui plaisent beaucoup en général par leur aspect élégant, leurs formes gracieuses et leur caractère ornemental. Nous voulons parler des *Fougères*. On n'en compte pas moins, au Japon, de 173 espèces, réparties en 27 genres, parmi lesquels *Pteris*, *Aspidium*, *Asplenium*, *Osmunda* sont les plus abondamment représentés. Le fait est d'autant plus important à noter que,

(1) *Loc. cit.*, p. 159.

chose étonnante, le Japon n'est jamais mentionné comme habitat de fougères dans le grand ouvrage de MM. Rivière, André et Roze (1). Néanmoins les Japonais ne les méconnaissent pas; ils se garent de quelques-unes qui sont vénéneuses, et jugent comestible, au point d'en faire une forte consommation gastronomique, celle qu'ils appellent Warabi et qui ne serait autre que notre fougère dite « à l'aigle », *Pteris aquilina*. Tout le monde connaît cette plante dont la tige souterraine rampe au-dessous de la surface du sol et émet au dehors de grandes frondes d'une découpure très compliquée, s'élevant à un mètre et quelquefois à deux mètres, portées par un rachis ou pétiole gros comme le petit doigt. Or, au voisinage du point d'insertion de ce pétiole sur le rhizome souterrain, son diamètre s'accroît et lui fait un petit renflement. Si, ayant arraché une de ces frondes, on coupe nettement ce renflement par une section oblique par rapport à l'axe du pétiole, on constate que les vaisseaux parenchymateux ou à moelle sont disposés symétriquement de manière à affecter, sur la section, une forme qui rappelle celle de l'aigle héraldique à deux têtes. De là le nom de *Fougère à l'aigle*. Eh bien, il paraît que les Japonais se font un vrai régal des jeunes pousses de cette fougère. On ne nous dit pas si ce sont les jeunes pousses du rhizome ou tige souterraine, ou bien les jeunes feuilles à leur sortie de terre; mais on ajoute que les racines, bien lavées, puis écrasées, laissent déposer un amidon également comestible.

Ce goût bizarre ne laisse pas que d'avoir certains inconvénients. Ainsi, pour activer la production de cette succulente fougère, les Japonais ont un moyen expéditif : ils mettent le feu aux herbes et bambous nains qui tapissent le sol des forêts. Ce serait fort bien si le feu ne s'attaquait qu'à ces dernières plantes; mais il s'attaque aussi aux

(1) Les Fougères, *Choix des espèces les plus remarquables*, etc., 2 vol. in-4° avec 75-80 planches coloriées, 112-127 grav. noires. — 1867-1868. Paris, J. Rothschild.

arbres ; et de la sorte, telle montagne boisée des provinces du Sud, qui était autrefois couverte de plantureuses forêts, est aujourd'hui dénudée de végétation ligneuse et couverte seulement, pour toute parure, de quantités innombrables de ces frondes chères aux gourmets, mais ne rapportant pas plus de 8 francs par hectare et par an.

IV

GROUPEMENT PAR HABITAT DES ESSENCES FORESTIÈRES.

La nature du sol paraît avoir relativement peu d'influence, au Japon, sur la répartition des végétaux, au moins des végétaux forestiers. Les conditions hygrométriques et de température, c'est-à-dire de climats, exercent sur les plantes une action tellement prépondérante, que celle de la constitution minéralogique du sol semble en être comme effacée.

Ainsi le Segni, le Hinoki et le Momi, autrement dit, en langage occidental, le *Cryptoméria*, le *Chamæcyparis* ou *Rétinispore obtus*, et l'*Abies firma* se rencontrent dans les sols argileux comme dans les détritus volcaniques, et prospèrent dans tous les terrains. Le Pin de Masson *(Pinus Massoniana,* Sieb. et Zucc., ou *Thunbergii ?),* en japonais Kouromatsou, de même que le Pin à fleurs serrées *(P. densiflora,* Sieb. et Zucc.) ou Akamatsou, se rencontrent en massifs purs dans les sols les plus maigres et les plus pauvres, et, en mélange avec d'autres essences, dans les sols argileux ; ils résistent d'ailleurs, dès le jeune âge, à la chaleur et au froid, se ressèment d'eux-mêmes avec une grande facilité, et prospèrent dans les sables des bords de la mer. En un mot, ils offrent une grande analogie, de tempérament et de régime, avec notre Pin maritime, mais en accusant sur lui cette supériorité considérable de résister beaucoup mieux au froid. Il serait fort à désirer qu'en France, où le Pin maritime cause tant de mécomptes lors des hivers très rigoureux, comme celui de 1879-80 (et peut-être celui de 1890-91), on essayât l'introduction de l'Akamatsou et du Kouromatsou, qui sont, botaniquement, ses proches voisins, et dont l'un, le Kouromatsou, très chargé en résine, pourrait être soumis au gemmage comme nos Pins maritimes du sud-ouest de la France.

Les terrains détritiques provenant de la décomposition des granits conviennent, comme au surplus les sols argileux, également au Chamæcyparis ou Thuya *pisifera,* au Thuyopsis *dolabrata* et au Skiadopytis *verticillata,* soit, en japonais, Sawara, Hiba ou Assoussi, et Koya-Maki. Les Tsuga, Mélèze, Podocarpus et *Picea Alcockiana* (Toga-Matsou, Karamatsou, Maki et Tohi) paraissent se plaire plus particulièrement dans les terrains formés par les déjections volcaniques, dans les sables argileux et dans tous sols légers.

Il en est de même pour les arbres angiospermes, Chênes (Kachi et Nara), Planera (Keaki), Châtaignier (Kouri), Hêtre (Bouna), etc.

En réalité, la presque totalité des essences forestières du Japon paraissent indifférentes, ou à peu près, sur la nature minéralogique du sol, et réussissent plus ou moins complètement dans toute espèce de terrains.

Les climats, dont la variété est grande dans un pays où existent d'aussi grands écarts de latitudes et d'altitudes qu'au Japon, dessinent naturellement, beaucoup mieux que la variété des sols, les aires d'habitat des végétaux ligneux.

M. Ussèle indique, d'après deux botanistes japonais, MM. Tanaka et Takashima, cinq aires forestières principales, dénommées chacune par l'essence qui y domine :

1° **Aire ou région de l'Akô**. — L'Akô, dont nous n'avons pas parlé dans l'énumération des arbres forestiers, vu sa faible importance comme quantité, est un figuier spécifié, on ne voit pas trop pourquoi, de Figuier de l'île de Wight *(Ficus Wigthiana)* dans le livre de M. Ussèle, et qui paraît offrir de l'analogie avec *F. religiosa* ou *indica*, Figuier des pagodes ou des Banians, appelé aussi « Figuier multipliant », « Figuier admirable », « Arbre de vie ». Ce figuier de l'Inde a la singulière propriété d'émettre, du haut de ses branches, des rameaux descendants qui arrivent jusqu'au sol, y pénètrent, s'y enracinent et forment des troncs secondaires, unis au tronc principal par le haut et émettant à leur tour des rameaux descendants qui se comportent de même. En sorte que, avec du temps et un espace suffisant, un seul arbre pourrait constituer à lui seul une petite forêt.

Sans pouvoir affirmer que le figuier du Japon, l'Akó, ait des propriétés aussi multipliantes, il paraît certain cependant que ses branches émettent de nombreuses racines adventices qui finissent par s'implanter dans le sol. Il n'occupe du reste qu'une aire fort restreinte, limitée à la partie sud de l'île de Kiou-shiou, avec quelques exemplaires au sud de Shikokou, et paraît n'y devoir son existence qu'à l'influence du Kouro-Shivo ; car c'est seulement sur les points du littoral baignés par les eaux de ce fleuve marin qu'on le rencontre avec quelques autres végétaux, tels, par exemple, que : le Sotetsou, un représentant de cette classe de plantes abondante aux temps géologiques, rare aujourd'hui, qui, conifère par la forme de ses fruits, palmier par le port, l'aspect et la conformation de son feuillage, semble établir là transition, par les gymnospermes, entre les dicotylédones angiospermes et les monocotylédones ; — le *Cycas revoluta* ou arbre à sagou ; le Nagi ou *Podocarpus nageia*, dont nous avons parlé au chapitre I, § 2 de la présente étude ; le Foutomomo ou *Eugenia jambosa*, une plante myrtacée ; enfin quelques orangers des espèces tropicales.

2° **Aire du Kouromatsou**. — Cette région-ci est d'une bien autre importance que la précédente, et comprend plus de la moitié de l'empire japonais. Dans le sud, elle s'élève immédiatement au-dessus, et occupe, à Kiou-shiou et à Shikokou, tout l'espace que n'occupent pas l'Akô et ses compagnons, c'est-à-dire la presque totalité. Elle s'étend en outre sur toute la moitié méridionale de la grande île et même au delà : elle y commence au niveau de la mer et s'y élève à des altitudes d'autant plus grandes que l'exposition ou la latitude sont plus méridionales et le voisinage du Kouro-Shivo plus rapproché. On pourrait représenter cette limite en altitude, dit M. Ussèle, par un plan incliné passant à 1100 mètres au-dessus du littoral sud de Kiou-shiou, « à 500 mètres au nord du Shikokou et à 250 mètres au nord de la région, dans la province de Kagu ».

Les arbres qui s'y rencontrent avec le Kouromatsou ou Pin de Masson (de Thunberg ?), sont d'abord son compagnon le plus ordinaire, l'*Akamatsou* (pin rouge) ou Pin densiflore ; les camphriers, appelés là-bas *Kousou*, *Nikkei*, *Yabou-Nikki*, etc. ; les chênes verts ou *Kachi*; le Cryptoméria ou *Segni*; le Podocarpus macrophylla *(Maki)*; le Planera *(Keaki)*; plusieurs chênes à feuilles caduques ou *Nara* ; etc.

A ce deuxième habitat des arbres forestiers correspond la partie la plus peuplée du Japon, celle où se trouvent les villes les plus importantes, la mieux percée de chemins, sillonnée de cours d'eau permettant une exploitation facile des produits des forêts. Les chênes n'y sont guère exploités qu'en taillis pour en tirer du bois de chauffage et du charbon ; les *Kachi* qu'on laisse croître atteignent facilement 25 mètres de hauteur sur 2m50 de circonférence. Mais c'est surtout le *Segni* ou Cryptoméria provenant de plantations qui fournit le bois d'œuvre. L'importance de cette deuxième zone, comme valeur des essences qu'elle comprend, ne répond pas à son importance superficielle. Bien supérieures, comme qualités du bois, sont les essences de la zone suivante; mais, grâce à sa situation auprès des centres populeux et des voies de communication, c'est elle qui est le mieux et le plus utilement exploitée.

3° **Aire du Bouna**. — L'aire du Bouna, c'est-à-dire du hêtre, de notre hêtre d'Europe, le *Fagus* de Virgile, occupe le centre de l'île de Hondo ou Nippon, et y succède en altitude à celle du Kouromatsou qu'elle domine. A Kiou-shiou et à Shikokou elle n'est représentée que sur les plus hauts sommets; elle y a sa limite supérieure à 1800 mètres. Dans le centre du Hondo cette limite descend à 1500 mètres, et s'abaisse encore à mesure qu'elle s'avance vers le nord en s'éloignant du littoral.

Le Hêtre y est accompagné par le fameux *Hinoki*, assez souvent signalé dans les pages qui précèdent pour qu'il soit oiseux de rappeler ses dénominations occidentales; par le *Sawara*, voisin botanique et même congénère du précédent; l'*Assoussi* ou *Hiba* ou Thuyopsis en doloire; le *Koya-Maki*, en Europe Skiadopitys; le *Tohi* ou Épicéa d'Alcotck; le *Momi* ou Sapin *(Abies firma)*; enfin plusieurs érables et chênes à feuilles caduques ou *Nara*.

Dans cette région, l'accès des forêts est difficile. On n'y pénètre guère que pour aller y abattre, sans aucune méthode ni préoccupation culturale, les plus beaux arbres; et l'on a ainsi saccagé et appauvri plus d'un riche massif. Mais d'immenses espaces sont encore couverts de peuplements où le bruit de la hache ou de la cognée n'a jamais retenti ; ce sont, par le fait, de vastes forêts vierges qui recèlent dans leur sein de grandes richesses en Hiba, Sawara, Hinoki de grandes dimensions. Que l'on y ouvre des chemins d'exploitation, que l'on y établisse des parcellaires permettant de procéder méthodiquement et conformément aux bonnes règles culturales, toutes choses que le gouvernement japonais, dit-on, se prépare à faire faire ; et l'État pourra retirer de ces masses forestières des revenus importants. Seul, à peu de chose près, il est propriétaire forestier dans la région : à peine les particuliers y participent-ils par quelques plantations de

Hinoki, de Segni et d'un chêne à feuilles caduques, nommé en japonais Kounougni *(Q. serrata)*.

4° **Aire du Sirabé.** — Nous voici dans les zones froides. Le beau sapin de Weitch, le *Sirabé* des Japonais, a sa limite inférieure à 1800 mètres à Shikokou ; il y domine l'aire du hêtre. Il est absent à Kiou-shiou. Au centre du Hondo, cette limite descend à 1700 mètres dans l'intérieur des terres, et à 1500 seulement au voisinage du littoral. Cette région est d'ailleurs peu étendue. Le *Sirabé* y est associé au *Takemomi*, un autre sapin *(Abies brachyphylla ?)*. Ce sont les seuls habitants de ces hautes solitudes : ils naissent et meurent sur place, nul ne se souciant d'assumer les fatigues et les dangers qu'entraînerait l'exploitation de ces beaux arbres dans des parages aussi peu accessibles.

5° **Aire du Haïmatsou.** — De la région froide, nous arrivons à l'extrême limite de la végétation forestière, au voisinage de la zone des neiges perpétuelles. Là, sur les plus hautes montagnes du nord et du centre, les similaires de notre Pin cembro : *Haïmatsou, Goyonomatsou, Imekomatsou*, Pin de Corée, Pin à courtes feuilles, végètent perdus dans ces déserts glacés où, moins encore qu'à la zone immédiatement inférieure, on ne se soucie guère d'aller utiliser leur bois, nonobstant ses qualités estimées.

Avant de clore ce chapitre, mentionnons une particularité fort remarquable et qui peut fournir un élément important dans la discussion entre partisans et opposants de la loi des alternances naturelles en matière forestière. Elle résulte des observations du forestier japonais : si de grandes étendues boisées sont exploitées *à blanc étoc* (c'est-à-dire en faisant coupe rase, sans réserver aucun arbre, aucun rejet), le sol ne se repeuple jamais en essences pareilles à celles des arbres qui ont été abattus. Dans une région donnée, ce sont les essences d'une autre région qui remplacent d'abord celles qui viennent d'être exploitées ; et ce n'est qu'après un grand nombre d'années que les anciennes essences reprennent peu à peu possession de leur aire naturelle.

Enfin si de grandes étendues de forêt sont détruites par une cause naturelle, éboulement, tremblement de terre, éruption volcanique, inondation, ouragan, avalanche, etc., non seulement les essences disparues ne reparaissent pas immédiatement, mais il ne s'établit pas moins de quatre périodes de végétation entre le moment de la destruction des massifs et celui de la reconstitution des peuplements originaires. Encore cette reconstitution n'est-elle définitive qu'à la condition de ne remettre la cognée dans le massif qu'après un assez grand nombre d'années ; sans quoi la forêt serait envahie par les pins et le cycle précédent ne se renouvellerait pas.

C'est à ce phénomène particulier que M. Ussèle attribue l'abondance extrême des pins dans les peuplements forestiers situés au voisinage des grandes villes.

V

LES FORÊTS DU KISO.

Connaître les essences principales qui composent les massifs forestiers d'un pays, c'est assurément connaître un des éléments importants des forêts de ce pays ; ce n'est pas encore en connaître les forêts elles-mêmes. Cette assertion peut étonner d'abord : car enfin une forêt n'est-elle pas une collection d'arbres ? Connaître les arbres, n'est-ce donc point, par voie de conséquence, connaître les forêts ?

Il est bien vrai qu'une forêt est, en un certain sens, une collection d'arbres. Il ne l'est pas que réciproquement toute collection d'arbres soit une forêt. Les longues files de grands végétaux ligneux qui bordent certains cours d'eau ou certaines routes ; les quadruples rangées de ces mêmes végétaux qui ombragent les vastes avenues de la ville et du château de Versailles, par exemple ; les ombrages du jardin des Tuileries à Paris ; les *arboretum*, si répandus en Angleterre : autant de collections d'arbres qui ne méritent à aucun titre le nom de *forêt*.

Une forêt est donc autre chose encore. C'est une collection ou plutôt un ensemble de collections d'arbres, groupés de différentes manières, mais toujours de telle sorte que la croissance des uns est, dans une certaine mesure, dépendante de celle des autres, le maintien ou l'enlèvement de ceux-ci favorisant ou entravant, suivant les circonstances, le développement de ceux-là. Lorsque la réalisation de ces conditions avantageuses ou nuisibles est abandonnée au hasard, sans que l'homme cherche à tirer parti des richesses naturelles que la forêt recèle, celle-ci est, à proprement parler, une forêt vierge. Alors la nature, pour qui le temps ne compte pas, fait peu à peu et lentement son œuvre : les sujets les plus forts et les plus vigoureux étouffent les plus faibles, dans cette lutte pour l'existence ; et quand un vétéran plusieurs fois séculaire finit par périr et tomber d'extrême vieillesse, de jeunes rejets ou semis envahissent rapidement l'espace laissé ouvert dans le massif par la chute de l'ancêtre.

Quand, au contraire, l'homme intervient, il peut influer sur l'existence de la forêt de plusieurs manières.

Ou bien il va au hasard chercher, là où il les trouve, les arbres dont il a besoin, sans se préoccuper de l'action que peuvent avoir sur les peuplements ces exploitations sans méthode : c'est ce qui est arrivé souvent au Japon... et aussi ailleurs. L'irrégularité de plus en plus grande des peuplements, l'appauvrissement en vieilles futaies et en arbres d'essences précieuses, en sont ordinairement la conséquence. Si ce mode de procédé se poursuit indéfiniment, la destruction même des massifs qui le subissent peut s'ensuivre.

Ou bien l'homme peut intervenir en favorisant, guidé

par l'observation et la connaissance des lois de la physiologie végétale et de l'économie forestière, le développement des arbres d'avenir ou des essences de prix, soit par l'enlèvement des tiges moins favorisées ou d'essences moins précieuses pouvant gêner la croissance des autres; soit, au contraire, par le maintien provisoire de sujets de valeur moindre mais dont l'abri ou le couvert seront nécessaires ou utiles pendant un temps à une jeunesse d'avenir; soit encore en ménageant les ressources naturelles du sol de manière à ne les utiliser que proportionnellement à leur croissance, afin de ne pas les épuiser; soit enfin en préparant, par une gradation habile, une succession d'âges suffisamment régulière pour que l'on puisse constamment trouver sinon chaque année, du moins durant des périodes relativement courtes, des arbres exploitables en quantité suffisante.

Pour connaître une forêt, il faut donc, en plus du nombre et de la proportion des essences qui la composent, être renseigné sur l'état et les conditions dans lesquels se présentent les massifs dont elle est formée. Cherchons donc à nous procurer quelques aperçus généraux sur de telles données en ce qui concerne les forêts du Japon.

Nous avons vu, dans l'avant-propos de cette étude, que le sol forestier, au Japon, occuperait près d'un tiers du territoire, soit plus de 12 millions d'hectares (12 692 000). Sur ce chiffre, on compte 6 368 000 hectares appartenant à l'État, et 6 324 000 aux particuliers.

Occupons-nous d'abord des forêts domaniales, c'est-à-dire appartenant à l'État. Elles sont disséminées plus ou moins dans toute l'étendue de l'empire. Mais trois grandes masses boisées les groupent principalement sous les noms de Awomori, Akita et Kiso. Cette dernière, qui est à elle seule plus grande que la somme des deux autres, contient la majeure part des essences de prix; elle est située au centre de l'île principale, dans la province de Shinano ou Nagano, et ne comprend pas moins de 300 000 hectares, sur 780000 répartis entre 2758 forêts composant la circonscription d'un conservateur résidant à Ayematsou. Avoisiné par des centres de population importants, sillonné de nombreuses rivières pouvant, en attendant le percement des routes, servir à la traite des bois, le massif de montagnes boisées qui a nom le Kiso peut être considéré en quelque sorte comme le type des forêts japonaises. Cette facilité relative d'accès et de parcours a permis aux forestiers du pays un premier dénombrement approximatif des arbres de pleine venue contenus dans ce vaste groupe : ils y ont compté 67 millions de sujets de toutes dimensions répartis sur une longueur de 20 lieues du nord au sud, et de 10 lieues de l'est à l'ouest ; sur ce nombre, 8364000 arbres seulement sont considérés comme exploitables et estimés, sur pied, à la somme de 18650000 fr., soit un peu plus de 2 fr. 20 cent. par arbre moyen. Mais abattus et amenés, en radeaux, au port de Kouwana, situé au nord de la baie d'Ovari, on estime qu'ils vaudraient 96500000 fr., soit un peu plus de 11 fr. 50 l'un dans l'autre.

Le fameux Hinoki *(Thuya obtusa)*, le Sawara *(T. pisifera)*, le Hiba ou Assoussi *(Thuyopsis dolabrata)*, le Koya-Maki *(Skiadopitys verticillata)*, et un arbre appelé Nedzouko, qui doit être le *Juniperus rigida* de Sieboldt et Zuccarini ou le *J. squamata* de Don (1), sont les cinq espèces les plus estimées ; elles sont appelées « les cinq

(1) Une certaine incertitude a existé sur la détermination de ce végétal, qui paraît bien être cependant un véritable genévrier. Ainsi le botaniste espagnol Pavon donne le nom de *Juniperus rigida* à un Podocarpus, le *P. rigida* de Klotzch ; et Wallich appelle ainsi le *J. squamata* de Don, en donnant ailleurs ce même nom de *J. rigida* à un conifère dont il fait ensuite un Dacrydium *(D. elatum)*, genre assez voisin de nos ifs. Noisette, d'après Desfontaines, avait attribué l'appellation de *J. rigida* à une Frénèle *(Frenela rigida*, Endlicher), genre qui s'éloigne moins des genévriers que les dacrydiums. Ceux-ci sont de très grands arbres qui se distinguent particulièrement des autres conifères par le polymorphisme parfois excessif de leurs feuilles, plus ordinairement cependant aciculaires que squameuses. C'est cette grande variété de formes qui rend leur classement incertain et

essences précieuses du Kiso. » On y compte en seconde ligne le Keaki *(Planera japonica)*, espèce d'Orme, le Toga-Matsou *(Tsuga Sieboldtii)*, le To-Hi *(Picea Alcockiana)*, le Sirabé *(Abies Veitchii)*, et le *Cryptomeria* ou Segni.

Nedzouko, *Juniperus rigida* (Sieb. et Zucc.),
J. squamata (Don).
(A droite, ramule portant trois petits strobiles.)

Bien que le Bouna (hêtre) ne figure pas dans cette énumération, une telle composition de peuplement semble rattacher les forêts du Kiso à la 3e aire, décrite au chapitre précédent, au moins à sa partie inférieure. Ces forêts

qui explique qu'on ait pu les rapprocher même des genévriers (Cf. nos *Conifères*, t. II, pp. 234, 235, 271 ; Carrière, *loc. cit.*, pp. 19 et 20, 28, 72, 648 et 692). — La figure ci-dessus, donnée par M. Ussèle et représentant non seulement un rameau de notre arbre, mais encore une ramule chargée de fruits, semble ne laisser aucun doute sur sa détermination comme genévrier.

ont été soumises à une sorte de classement déterminé par la plus ou moins grande abondance du Hinoki et du

Keaki, *Planera japonica.*

Sawara qui y sont les arbres préférés ; celles que l'on range dans la « première qualité, » comme étant les plus riches en ces deux essences, occupent près de 240 000 hectares. Ce qui ne les empêche pas d'avoir bien dégénéré, par suite d'exploitations abusives, de ce qu'elles étaient il y a cent ans. On n'a pas abattu, depuis un demi-siècle, moins de 6 000 000 d'arbres : ce ne serait pas énorme pour des sujets de dimensions faibles ou médiocres, car cela ne représente moyennement, après tout, que 25 arbres à l'hectare. Mais si l'on considère que c'étaient les plus beaux pieds, les vétérans, les patriarches de la forêt ; et que, pour les abattre et surtout pour les transporter aux lieux de destination, il fallait renverser, écraser, saccager une multitude de jeunes peuplements, au milieu de ces profondes masses boisées dépourvues de chemins, on se rendra compte sans peine des dégâts énormes qui ont dû en résulter. Il est tels massifs importants où l'on ne pourrait pas trouver plus de 150 arbres à l'hectare appartenant aux essences recherchées : ce sont les plus rapprochés des lieux habités ; les massifs plus éloignés ou d'un accès plus difficile ont moins souffert. Mais, naturellement, les essences qui, considérées à tort ou à raison comme inférieures, ont été dédaignées, les chênes et les sapins, par exemple, sont celles qui ont pris le dessus et tendent à se substituer de plus en plus aux essences de prix, telles que le Sawara et le Hinoki.

Est-ce d'ailleurs un bien grand mal? Il n'est aucunement démontré que le bois des chênes japonais, au moins de quelques-uns d'entre eux, ne vaille pas, — peut-être, il est vrai, à des égards différents, — celui des Chamæcyparis *obtusa* et *pisifera*. Il serait étrange que, dans des conditions de climats analogues à ceux où prospèrent nos chênes d'Europe et du nord de l'Afrique, dont le bois est toujours le plus estimé de tous, les essences similaires ne donnassent, au Japon, qu'un bois sans valeur. Et s'il est démontré que, dans ce pays, les mêmes espèces ligneuses ne peuvent croître indéfiniment sur les mêmes points, — ce qui serait d'ailleurs à étudier de près, — l'on peut supposer, avec chance de ne pas se tromper beaucoup, que la substitution des chênes aux résineux se serait toujours réalisée un peu plus tard. D'autre part, si les essences préférées des Japonais ont vu disparaître leurs plus beaux exemplaires, il en reste encore bon nombre qui, pour n'avoir pas les belles dimensions de ceux qu'on a enlevés, n'en sont pas moins des arbres d'avenir. Ils n'auront pas à souffrir du voisinage des chênes, tout au contraire, pour peu que le forestier, aidé dans sa tâche par la création d'une bonne viabilité et l'institution d'aménagements rationnels, intervienne à propos afin de maintenir constamment, entre ces diverses essences, une proportion en rapport avec leurs tempéraments respectifs. Car, au Japon comme ailleurs, le mélange des essences, et notamment celui des feuillus avec les résineux, est un des facteurs importants du maintien en bon état et de la belle venue des peuplements forestièrement traités (1).

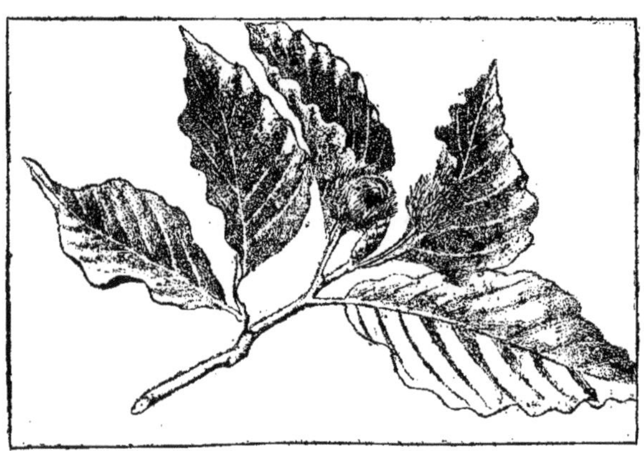

Bouna, *Fagus sylvatica* (Linné).

(1) Nous disons " forestièrement traités, „ parce que, au Japon, l'on cultive aussi le Hinoki et le Segni d'une façon qu'on pourrait appeler agricole. On les plante dans des sols riches et de premier choix dont on entretient la fécondité par de nombreux engrais, par des arrosements même, si besoin est. L'on obtient ainsi en un temps relativement court des arbres de superbe venue et de grandes dimensions; l'infériorité comparative de leur bois est compensée par la rapidité de leur croissance. On comprend que, dans de telles conditions, les

Dans les forêts de la « seconde qualité », c'est le Bouna, c'est-à-dire le hêtre, qui domine avec le *Picea Alcockiana* ou Tohi, et l'Onara ou *Quercus crispula*. Dans les hautes altitudes, le Toga-Matsou *(Tsuga Sieboldtii)* et le Sirabé *(Abies Veitchii)* se joignent au Bouna. Mais cette classe

Onara, *Quercus crispula* (Ussèle).
(A droite, un gland et sa cupule détachée).

de forêts est de peu d'importance, ne comprenant guère plus de 26 000 hectares. Les Chamæcyparis (Hinoki et Sawara) ne manquent pas entièrement; mais ils sont sensiblement plus rares que dans la « première classe ».

Ils manquent tout à fait dans le surplus du Kiso, et c'est leur absence qui détermine la « troisième classe ». Celle-ci comprend aussi 10 000 hectares, tant de sommets dont l'altitude dépasse l'aire de toute végétation et, par conséquent à l'état de rochers dénudés, que de massifs rabou-

mêmes essences puissent croître indéfiniment en même place. Mais ce n'est pas là de la sylviculture : c'est de la culture agricole appliquée à des arbres, ou, si l'on veut, de l'arboriculture industrielle. Les massifs ainsi composés et traités ne sont pas, à proprement parler, des forêts. Tout au plus peut-on leur attribuer, avec M. Ussèle, l'appellation de *forêts artificielles*.

gris de tsuga et de sapin de Veitch dans une aire inférieure mais de climat rigoureux. Aux altitudes moyennes, ce sont les chênes à feuilles caduques (Nara) et le châtaignier (Kouri) qui dominent dans les peuplements. Les forêts de

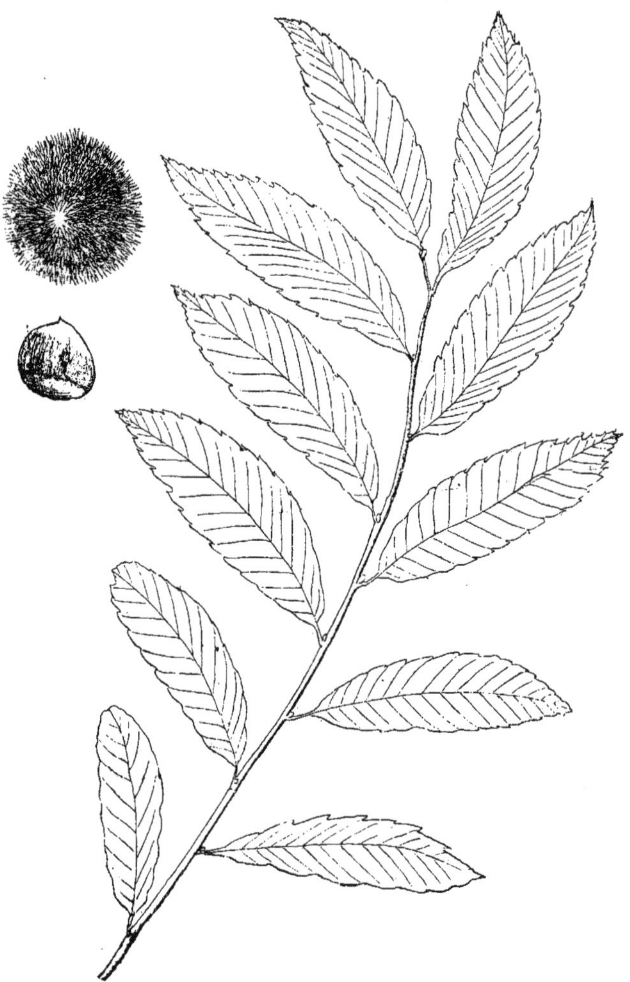

Kouri, *Castanea japonica* (Ussèle).
(A gauche, une châtaigne et, au-dessus, sa gangue épineuse.)

la « troisième classe » ne comptent pas au point de vue du rendement en matière, mais seulement sous le rapport hydrographique et du maintien des terres sur les pentes abruptes.

Longtemps la région forestière du Kiso est restée inexplorée. Ce n'est guère que dans les temps qui sont pour nous, en Europe, les temps modernes, c'est-à-dire vers l'époque de ce que nous appelons la *Renaissance*, que ces forêts furent exploitées en vue de fournir aux Taïkouns les bois de construction de toute nature dont ils avaient besoin. On alla au hasard, sans compter, sans suivre aucune méthode, à la façon indiquée au commencement de ce chapitre. De là les dépréciations subies par ces massifs forestiers. Vers le XVIIIe siècle, le territoire dans lequel se trouve la région du Kiso devint la possession d'un prince appelé Bishou-Owari, qui prescrivit de ne pas faire tomber plus de 150 000 arbres par an. Si fort que paraisse ce chiffre, il ne représente qu'un demi-arbre par hectare, ou un arbre par deux hectares. Il a cependant été réduit encore à partir de 1868 où l'État japonais est devenu propriétaire du Kiso, et fixé à 50 000 arbres seulement, soit un arbre par six hectares. Enfin les projets d'aménagement en cours de préparation par les soins des forestiers japonais tendraient, paraît-il, à réduire encore ce dernier chiffre en le mettant à 10 000 arbres, ce qui représente 1 arbre seulement à prendre par chaque trentaine d'hectares.

Un remède tellement énergique semble passer les bornes et constituer une exagération en sens contraire des exagérations anciennes : il est à craindre qu'en réduisant la possibilité annuelle à un chiffre aussi dérisoire, on n'arrive à laisser pourrir sur pied bon nombre d'arbres exploitables.

VI. LES FORÊTS PRIVÉES ET ARTIFICIELLES.

Les forêts naturelles appartenant aux particuliers sont dans un tel état au Japon, que M. Ussèle estime, au moins en ce qui concerne certaines provinces, que d'ici à vingt ans elles auront disparu.

Ces forêts, situées généralement au voisinage des villes et des centres importants de population, ont été, depuis un certain temps, exploitées à outrance et bien au delà de leur possibilité. On a commencé par enlever les arbres de grandes dimensions. Puis, quand ils eurent disparu, on coupa les peuplements et souvent à blanc étoc, suivant des révolutions de plus en plus réduites. L'auteur cite des forêts de pins où la coupe se faisait, par contenance,.... tous les huit ans ! Par exemple, M. Ussèle ne nous dit point comment s'effectuait le repeuplement naturel : on sait que les résineux ne donnent pas, après la coupe, de rejets sur leurs souches, comme les feuillus ; ils ne peuvent donc se repeupler naturellement que par leurs semences, et nul conifère ne porte fruits en si bas âge. C'est donc au hasard qu'était laissé, sans doute, le soin de repeupler l'emplacement de coupes ainsi exploitées. Aussi les vides, les clairières, ont-ils remplacé peu à peu les peuplements serrés de jadis. Des landes, tout au plus de maigres prés-bois, revêtent seuls aujourd'hui des montagnes couvertes autrefois d'une végétation plantureuse.

Heureusement une telle ruine n'est que partielle et trouve une avantageuse compensation dans ce que nous avons appelé plus haut *les forêts artificielles.* Ce sont des massifs d'arbres formés par plantations régulièrement espacées et qui reçoivent des soins culturaux incompatibles avec les conditions économiques des autres pays. Mais comme le bois a plus de valeur au Japon que partout ailleurs, et que souvent les moyens de communication y font défaut, il arrive que ces cultures arboricoles sont parfois plus rémunératrices que celles même des céréales.

C'est ordinairement de cryptomérias (Segni) ou de thuyas obtus (Hinoki) que sont composées ces plantations, souvent à l'état pur. Le non-mélange des essences a ici moins d'inconvénients qu'en sylviculture proprement dite, en raison des soins spéciaux dont sont l'objet ces cultures arboricoles.

On les installe toujours dans de bons terrains, sinon invariablement dans ceux de première qualité. Il arrive même qu'on défriche de véritables forêts, toutes peuplées en bonnes espèces de chêne, pour les remplacer, passe encore, par du Hinoki, mais même, tant est profonde et enracinée la prévention contre les feuillus, par du Segni, dont le bois est médiocre, mais qui croît vite, se vend bien et se remplace souvent.

On commence par établir une pépinière, en ameublissant l'emplacement choisi à cet effet, et le couvrant d'engrais à cinq ou six reprises pendant un an, sans lui rien faire produire. Puis, au printemps, après un dernier chargement d'engrais, on creuse les sillons destinés à recevoir la graine, en tassant fortement le terrain dans les intervalles, pour obliger le pivot des jeunes plants à s'enfoncer verticalement, sans s'égarer à droite ou à gauche ; et l'on sème dans les conditions ordinaires.

Au printemps de l'année suivante, les tigelles, qui ont atteint de 6 à 9 centimètres de hauteur, sont repiquées à raison de quatre à six cents par mètre carré, sur un nouvel emplacement préparé dans les mêmes conditions que le premier. L'année d'après, les jeunes plants ayant deux ans d'âge et 18 à 20 centimètres de hauteur, on les repique une deuxième fois, au nombre de 300 à 350 par mètre carré, sur un nouvel emplacement non moins bien préparé que les précédents, et, de plus, divisé en plates-bandes espacées d'un mètre, afin de permettre entre elles la circulation des ouvriers. Cette circulation, très fréquente, a pour objet un binage ou plutôt un sarclage continuel, consistant à arracher et à enterrer sur place, comme engrais vert, toutes les herbes et plantes parasites, ainsi que les brins mal conformés ou de mauvaise venue.

Parvenus, avec des soins aussi minutieux, à l'âge de quatre ans, avec une hauteur moyenne de $0^{m}.45$, les brins de Segni sont enfin plantés à demeure au nombre de dix-huit mille, treize à quinze mille ou neuf mille à l'hectare, suivant que le terrain est situé en vallée basse, à mi-côte ou sur les sommets. Trop nombreux sur ceux-ci, les jeunes plants ne pourraient supporter le poids des neiges qui y sont abondantes ; aux basses altitudes où la neige est plus rare, cet inconvénient est moins à craindre. Une fois à demeure, les jeunes arbres ne sont point pour cela abandonnés à eux-mêmes. Durant les deux premières années de la mise en place, l'été et l'automne sont employés à un sarclage continuel, avec enfouissement comme engrais de toutes les mauvaises herbes et plantes étrangères arrachées.

Au bout de quelques années, dont le nombre est déterminé par le plus ou moins de rapidité de croissance des plants, résultant elle-même du plus ou moins de qualité du sol, on élague les plants jusqu'à la hauteur où les branches cessent de s'entre-croiser, et l'on abat les plants d'essences étrangères qui se seraient introduits dans la plantation. On enterre sur place les branches que l'élagage a fait tomber, ainsi que les tiges d'essences proscrites : c'est toujours de l'engrais.

Quand la croissance se montre rapide de bonne heure, vers l'âge de 10 ou 12 ans, une première éclaircie peut être pratiquée dans le massif: souvent elle porte, non seulement sur les brins les plus faibles, mais aussi sur les plus forts, de manière à ne laisser se développer que les sujets moyens et à obtenir une uniformité parfaite dans la hauteur des arbres. C'est, en quelque sorte, de la démocratie appliquée à la sylviculture ; et c'est un excellent moyen pour n'obtenir jamais de très belles pièces de charpente ; à la vérité on en obtient de moyennes en plus grand nombre. Mais comme, dans les arbres, la valeur de l'unité de marchandise croît avec leur volume, un même nombre donné de mètres cubes a bien moins de valeur représenté par un plus grand nombre de fûts petits ou moyens, que par un nombre moindre de grosses pièces.

Quoi qu'il en soit, des quatre premières éclaircies, pratiquées aux âges de 10, 15, 20 et 25 ans, par exemple, et faisant tomber par hectare 2200 tiges chacune, on ne tire encore aucun produit utile. Ces trois opérations sont donc purement culturales, les tiges enlevées, dont la grosseur varie de $0^m,15$ à 0,55 de circonférence, n'ayant encore aucune valeur : tout au plus pourrait-on tirer de la dernière quelques perches de 8 à 12 mètres de hauteur qui vaudraient deux centimes l'une.

A partir de 30 ans, les produits commencent à devenir rémunérateurs : l'éclaircie ne fait plus tomber que 1100 pieds à l'hectare ; mais ceux-ci mesurent $0^m,70$ à $1^m,00$ de pourtour avec 10 à 13 mètres de haut, et valent moyennement 7 centimes l'un, soit 77 francs par hectare. Ce serait peu si ce n'était un simple commencement. Dix ans plus tard, à 40 ans, les 1100 jeunes arbres enlevés valent déjà 15 à 20 centimes pièce, ce qui représente 165 à 220 francs l'hectare. Quand le massif est parvenu à l'âge de 50 ans, on n'enlève plus que 500 arbres à l'hectare, mais ils valent alors de 70 c. à 1 franc.

Laissons de nouveau passer dix ans. Les arbres en ont soixante. Enlevons-en encore 500 : ils ont maintenant $1^m,50$ à $1^m,90$ de circonférence et 27 à 30 mètres de hauteur, et valent l'un dans l'autre chacun de 3 à 4 francs, mettons 3 fr.50 ; c'est un rendement de 1750 francs par hectare. Ce sera bien mieux dans dix nouvelles années, quoiqu'on n'abatte alors que 250 sujets. Oui ; mais chacun d'eux vaut de 8 à 12 francs, car ils ont, sur une longueur de tige de 30 à 33 mètres, une circonférence variant de $1^m,80$ à 2,20 ; et 2500 francs à l'hectare sont un joli denier. Il sera plus beau encore dix ans plus tard, quand les arbres restant auront 80 ans, avec $1^m,90$ à $2^m,40$ de tour et 30 à 35 mètres de hauteur. On en abattra alors 250 qui, valant chacun de 16 à 24 francs, soit moyennement 20 francs l'un, donneront un produit de 5000 francs à l'hectare. Et il restera encore 500 arbres sur pied qui, abattus 20 ans plus tard, à l'âge de 130 ans, vaudront *chacun* de 60 à 80 francs, ayant une circonférence de $3^m,00$ à $3^m,60$, sans d'ailleurs que leur hauteur se soit sensiblement accrue : or, 500 arbres ayant cette valeur représentent un total à l'hectare de trente à quarante mille francs.

Si maintenant nous additionnons les nombres d'arbres abattus par hectare à chaque coupe et les produits en argent qu'ils ont fournis, calculés d'après la valeur moyenne qu'ils avaient à chaque âge, nous trouvons d'abord que le nombre total des arbres ou jeunes brins ayant figuré dans les exploitations est de 13 000 (ce qui suppose 14 ou 15 mille brins plantés, pour tenir compte de ceux qui ont été enlevés au début comme malvenants), et cela indique une plantation dans des conditions moyennes de terrain et d'altitude, ni les meilleures, ni les moins bonnes ; en second lieu, que ce mode de culture aura donné en 130 ans un produit brut de fr. 13488.50, ce qui représente un revenu de fr. 103.75 par hectare et par an.

Il faudrait, pour être pleinement renseigné sur ce point, être fixé sur le montant des frais de création et de culture de la pépinière préalable, de la plantation à demeure, des sarclages, des éclaircies improductives et enfin des frais d'exploitation des coupes fructueuses. En admettant que l'ensemble de ces dépenses s'élevât à un peu plus de moitié des produits, on arriverait à un rendement net d'une cinquantaine de francs par hectare et par an, ce qui est encore un fort estimable résultat.

C'est dans la province de Toyama, sur le territoire d'une commune appelée Yoshino, qu'existe la forêt artificielle qui s'exploite en ces conditions.

Un peu plus au nord de la même province, à Tonomine, où la croissance est un peu moins rapide, une forêt semblable se forme par plantations plus nombreuses, — 18 000 plants à l'hectare, dont 1800 disparaissent avant la première éclaircie, — et s'exploite suivant une révolution de 80 ans seulement, impliquant, de 10 à 30 ans, cinq éclaircies quinquennales sur le même point, suivies de cinq coupes décennales. Elle donne les résultats suivants par hectare :

16 200 plants ou arbres abattus, dont les 2500 premiers étaient sans valeur, et dont les autres avaient produit, au bout de 80 ans, 16 965 francs, soit 212 francs de revenu brut par hectare et par an.

Il est de toute probabilité que les frais d'établissement et d'entretien, dans ce second mode de traitement d'une forêt artificielle, ne s'élèvent pas en proportion du rendement. D'où l'on voit qu'il doit y avoir avantage pécuniaire, dans certains cas, à planter des arbres en plus grand nombre et à une révolution plus courte.

Ce qui vient d'être dit doit s'entendre des forêts artificielles de Segni pur.

On établit aussi des plantations de Hinoki ; mais cette essence n'est pas, comme la précédente, cultivée sans mélange. On les associe l'une à l'autre. Les travaux de création et d'entretien sont à peu près les mêmes pour une plantation mélangée, Hinoki et Segni, que pour une plantation de Segni seul. On cite quelques exemples de peuplements de cette nature dans la forêt déjà mentionnée de Tonomine. Les frais de plantation y ont été de 54 francs par hectare, les travaux d'entretien, de 60 francs répartis entre les cinq premières années. Après ces cinq ans, les jeunes arbres forment un couvert assez épais pour étouffer les herbes, bambous nains et morts-bois divers ayant crû en sous-bois ; et pour peu que les produits de la première éclaircie, sans avoir de valeur proprement dite, aient cependant payé les frais d'extraction, on voit quel bénéfice considérable une plantation ainsi traitée aura rapporté à ses propriétaires en 80 ans.

Une remarque, toutefois, est à faire : c'est que bien que les massifs se trouvent très fortement éclaircis un grand nombre d'années avant le terme de la révolution, jamais ils ne repeuplent naturellement, de leurs semences, le sol qui les porte. Et cependant, sous l'influence de l'air et surtout de la lumière qui parviennent ainsi librement jusqu'à lui, il se couvre d'une épaisse végétation de diverses variétés de chêne, d'aucubas, de bambous, de kaya *(Torreya nucifera,* espèce d'if), et d'herbes plus ou moins épaisses, sans que jamais les graines tombées des arbres de la plantation aient produit le moindre semis naturel.

M. Ussèle attribue cette stérilité à l'absence de feuillus croissant en mélange avec les résineux. Cette explication peut être partiellement vraie. Mais, n'est-il pas plus naturel d'expliquer le phénomène par l'extrême richesse du sol qui, dès qu'un peu de lumière le féconde, appelle à lui toute plante prête à germer? Si bien que, quand les arbres, objet de la culture, commencent à donner des graines fertiles, celles-ci, trouvant un terrain déjà envahi, ou bien ne lèvent point, ou bien sont étouffées dans leur germe même.

On traite aussi par plantation le Kounougni, c'est-à-dire le chêne à feuilles en dents de scie *(Quercus serrata);* c'est pour l'obtention de menu bois de chauffage seulement. La révolution de ces taillis ne dépasse pas un maximum de 15 ans, et peut être abaissée jusqu'à 10 et même 8 ans. Mais le chêne repoussant sur sa souche, une plantation ainsi faite peut suffire pour cinq ou six révolutions. Après quoi, les souches sont épuisées, et il faut procéder à un nouveau repeuplement artificiel.

On peut voir, par ce qui précède, combien les conditions et les modes de procéder de la sylviculture au Japon diffèrent des nôtres. Grâce à la tendance actuelle de ce pays à cesser d'être un pays fermé, et à entrer dans la voie des progrès agricoles, scientifiques et industriels, où

Kounougni, *Quercus serrata* (Lindley).
(A gauche, un gland et sa cupule vue de dessus et de dessous.)

sont engagés si avant les peuples de l'Occident, le Japon peut arriver à réaliser sur son propre sol des améliorations considérables, et à mettre en œuvre d'incomparables richesses, jusqu'ici en grande partie stérilisées.

A une condition toutefois : c'est qu'en copiant nos institutions, nos procédés de culture et autres, il ne le fasse pas d'une manière servile. Suivant le proverbe populaire, un peu trivial mais expressif : « chaque pays, chaque guise », il faut tenir compte de ce qui tient à la différence des conditions de milieu, de climat, etc., et savoir le discerner de ce qui n'est fondé que sur le préjugé et la routine. Les lois de la physiologie végétale sont absolument les mêmes pour tous pays ; mais leurs effets peuvent varier beaucoup dans des conditions climatériques fort différentes.

Par un développement graduel et éclairé de son agriculture, qui n'occupe encore qu'un dixième de la superficie totale du pays ; par la mise en œuvre, au moyen de bons réseaux de chemins d'exploitation et de l'assiette d'aménagements prudents et judicieux, de ses immenses ressources forestières, le Japon peut arriver sans doute à rivaliser en quelque sorte de richesse avec celle que l'Angleterre retire, à l'autre extrémité du continent asiatico-européen, de ses ressources minières et métallurgiques. M. Ussèle est fondé à prévoir un aussi brillant résultat.

Mais, répétons-le, il ne suffit pas, pour cela, de copier purement et simplement ce que M. Ussèle, qui doit être jeune, comme l'indique d'ailleurs le grade qu'il occupe dans son administration, appelle, avec une conviction éminemment sincère, « notre *jeune* civilisation » (la *jeune civilisation* de l'Europe occidentale !). Il faut surtout que ce peuple d'extrême Orient évite de nous prendre nos vices, notre démoralisation, nos utopies, nos mœurs de *décadents*. C'est en accordant toute liberté au grand civilisateur des peuples, au christianisme, en le laissant exercer son action de concorde, d'union et de rapprochement des cœurs, que le Japon appuiera sur une base indestructible l'essor de sa marche ascensionnelle, aussi bien dans l'ordre cultural, forestier et industriel, que dans l'ordre intellectuel et scientifique.

En France, quand on étudie l'histoire des forêts, aujourd'hui domaniales, qui ont appartenu autrefois à des communautés religieuses, on constate qu'en plein moyen âge, au milieu de l'anarchie féodale qui régnait alors à la suite des guerres de races qui l'avaient engendrée, c'étaient les moines qui, seuls, connaissaient et pratiquaient les saines traditions de la sylviculture.

www.ingramcontent.com/pod-product-compliance
Ingram Content Group UK Ltd.
Pitfield, Milton Keynes, MK11 3LW, UK
UKHW022129260726
13993UKWH00003B/1329

9 782329 494876